ISW 22

Berichte aus dem Institut für Steuerungstechnik
der Werkzeugmaschinen und Fertigungseinrichtungen
der Universität Stuttgart

Herausgegeben von Prof. Dr.-Ing. G. Stute

N. KAPPEN

Entwicklung und Einsatz einer direkten digitalen Grenzregelung für eine Fräsmaschine mit CNC

Springer-Verlag
Berlin · Heidelberg · New York 1979

D93

Mit 68 Abbildungen

ISBN-13: 978-3-540-08591-1 e-ISBN-13: 978-3-642-81215-6
DOI: 10.1007/978-3-642-81215-6

2362/3020—543210

Vorwort des Herausgebers

Das Institut für Steuerungstechnik der Werkzeugmaschinen und Fertigungseinrichtungen der Universität Stuttgart befaßt sich mit den neuen Entwicklungen der Werkzeugmaschine und anderen Fertigungseinrichtungen, die insbesondere durch den erhöhten Anteil der Steuerungstechnik an den Gesamtanlagen gekennzeichnet sind. Dabei stehen die numerisch gesteuerte Werkzeugmaschine in Programmierung, Steuerung, Konstruktion und Arbeitseinsatz sowie die vermehrte Verwendung des Digitalrechners in Konstruktion und Fertigung im Vordergrund des Interesses.

Im Rahmen dieser Buchreihe sollen in zwangloser Folge drei bis fünf Berichte pro Jahr erscheinen, in welchen über einzelne Forschungsarbeiten berichtet wird. Vorzugsweise kommen hierbei Forschungsergebnisse, Dissertationen, Vorlesungsmanuskripte und Seminarausarbeitungen zur Veröffentlichung.

Diese Berichte sollen dem in der Praxis stehenden Ingenieur zur Weiterbildung dienen und helfen, Aufgaben auf diesem Gebiet der Steuerungstechnik zu lösen. Der Studierende kann mit diesen Berichten sein Wissen vertiefen.

Unter dem Gesichtspunkt einer schnellen und kostengünstigen Drucklegung wird auf besondere Ausstattung verzichtet und die Buchreihe im Fotodruck hergestellt.

Der Herausgeber dankt dem Springer-Verlag für Hinweise zur äußeren Gestaltung und Übernahme des Buchvertriebs.

Stuttgart, im Februar 1972

Gottfried Stute

Inhaltsverzeichnis Seite

Seite

Seite

Schrifttum

/1/ Anon. Production Technology Advancements: A Forecast to 1988. Industrial Development Division, Institute of Science and Technology, University of Michigan, Ann Arbor, Michigan/USA.

/2/ Nann, R. Rechnersteuerung von Fertigungssystemen. Beitrag zur Automatisierung der Fertigung durch den Einsatz von Digitalrechnern. Berlin, Heidelberg, New York: Springer 1972.

/3/ Bauer, E. Rechnersteuerung von Fertigungseinrichtungen. Beitrag zur Systematik und Auslegung. Berlin, Heidelberg, New York: Springer 1975.

/4/ Stute, G. u.a. Flexible Fertigungssysteme. wt-Z. ind. Fertig. 64 (1974) Nr. 3, S. 147...156.

/5/ Berger, H. Automatische Schnittwertermittlung für die Fräs- und Bohrbearbeitung im Hinblick auf ein Informationszentrum für Zerspanungsdaten. Aachen, Techn. Hochschule, Dr.-Ing.-Diss., 1970.

/6/ Maier, K. Grenzregelungen an Werkzeugmaschinen. Beitrag zur Auslegung und Bewertung von ACC-Systemen. Berlin, Heidelberg, New York:Springer 1974.

/7/ Ackermann, J. Abtastregelung. Berlin, Heidelberg, New York:Springer 1972.

/8/ Kienzle, O. Die Bestimmung von Kräften und Leistungen an spanenden Werkzeugen und Werkzeugmaschinen. VDI-Z. 94 (1952) Nr. 11/12, S. 299...305.

/9/ Götz, F.-R. Schenke, L. Aufbau und Einsatz einer Grenzregelung für die Fräsbearbeitung. HGF-Kurzberichte (Lose-Blatt-Sammlung) Blatt 76/32 Essen: Girardet 1974.

/10/ Stof, P. Lageregelung - Lageregelkreise-Grundlagen. In "Die Lageregelung an Werkzeugmaschinen". Hrsg. von Prof. Dr.-Ing. Gottfried Stute, Stuttgart: ISW Selbstverlag 1975.

/11/ Augsten, G. Anwendung einer ACC-Einrichtung beim Fräsen. wt-Z. ind. Fertig. 66 (1976) S. 523...527.

/12/ Numerisch gesteuerte Arbeitsmaschinen Adaptive Control (AC) an spanenden Werkzeugmaschinen. VDI-Richtlinien, VDI 3426. Düsseldorf: VDI 1975.

/13/ Autorenkollektiv ACO-Regelungen für Fräsmaschinen. PDV-Bericht Projekt Prozeßlenkung mit DV-Anlagen. KFK-PDV 83: Sept. 1976.

/14/ Unbehauen, H. Schmid, Chr. Böttiger, F. Lausterer, G. Anwendung von DDC-Algorithmen zur Regelung eines Wärmetauschers. rtp 22 (1974) Heft 8 S. 226...235.

/15/ Doetsch, G. Anleitung zum praktischen Gebrauch der Laplace-Transformation und der Z-Transformation. München, Wien: Oldenbourg 1967.

/16/ Ulrich, P. Adaptive Regeleinrichtungen an spanenden Werkzeugmaschinen aus regelungstechnischer Sicht. Fert.technik u.Betrieb 21 (1971) Nr.10 S. 599...603.

/17/ Pritschow, G. Ein Beitrag zur technologischen Grenzregelung bei der Drehbearbeitung. Berlin, Techn. Univ., Dr.-Ing.-Diss.,1972.

/18/ Dynamisches Verhalten von numerischen Bahnsteuerungen an Werkzeugmaschinen (unveröffentlicht).
VDI-Richtlinien. VDI 3427 (Vorentwurf).

/19/ Gieseke, E. Adaptive Grenzregelung mit selbsttätiger Schnittaufteilung für die Drehbearbeitung.
Aachen, Techn. Hochsch., Dr.-Ing.-Diss.,1973.

/20/ Anke, A.
Kaltenecker,H
Oetker, R.
Prozeßrechner.
München, Wien: Oldenbourg 1970.

/21/ Föllinger,O. Regelungstechnik.
Berlin: Elitera 1972.

/22/ Föllinger,O. Lineare Abtastsysteme.
München, Wien: Oldenbourg 1974.

/23/ Götz, F.-R. Regelsystem mit Modellrückkopplung für variable Streckenverstärkung. Anwendung bei Grenzregelungen an spanenden Werkzeugmaschinen.
Berlin, Heidelberg, New York: Springer 1977.

/24/ Schenke, L. Adaptive Control für die Fräsbearbeitung. Aufbau und Einsatz einer Maximalwertspeichereinrichtung.
HGF-Kurzberichte (Lose-Blatt-Sammlung)
Blatt 74/84 Essen: Girardet 1974.

/25/ Björk, A.
Dahlquist,G.
Numerische Methoden.
München, Wien: Oldenbourg 1972.

/26/ Isermann, R. u.a. "Regel- und Steueralgorithmen für die digitale Regelung mit Prozeßrechnern" - Synthese, Simulation, Vergleich-.
PDV-Bericht Projekt Prozeßlenkung mit DV-Anlagen. KFK-PDV 54: Aug. 1975.

/27/ Stute, G.
Kapajiotidis, N.
Integration of Adaptive Control Constraint (ACC) into a CNC.
Annals of the CIRP, Vol. 24/I/1975, S.411...415.

/28/ Takahashi,Y. Chan, C.S. Auslander,D. Parametereinstellung bei linearen DDC-Algorithmen. rtp 19 (1971) Heft 6, S.237...244.

/29/ Lauber, R. Einsatz von Digitalrechnern in Regelungssystemen. ETZ-A 88 (1967) Heft 6, S.159...164.

/30/ Klingler, O. Verfahren zur Schnitterkennung an spanenden Werkzeugmaschinen durch Körperschall. HGF-Kurzberichte (Lose-Blatt-Sammlung) Blatt 74/89 Essen: Girardet 1974.

/31/ Hultzsch, H. Methoden der Programmerstellung in zeitkritischen Systemen. GMR-GI-GfK, Fachtagung Prozeßrechner 1977, Berlin,Heidelberg,New York:Springer 1977.

/32/ DIN 66216 Angaben über Schnittstellen zwischen Prozeßrechnersystem und Prozeß. Teil 2 (Sept. 1975).

/33/ Stute, G. Klingler, O. Schmid, D. Anforderungen an die Vorschubantriebe von Werkzeugmaschinen im Hinblick auf AC. Proceedings of the CIRP Seminars on CIRP 1974, Vol. 3 Nr.1, S.41...44.

/34/ Götz, E. Digital arbeitende Interpolatoren für numerische Steuerungen. AEG-Mitteilungen 51 (1961) 1, S. 34...44.

/35/ Syrbe, M. Messen, Steuern, Regeln mit Prozeßrechnern. Frankfurt am Main: Akademische Verlagsgesellschaft 1972.

/36/ Schäfer, K. Digitale Leistungsregelung für konventionelle numerische Werkzeugmaschinensteuerungen. PDV-Bericht Projekt Prozeßlenkung mit DV-Anlagen. KFK-PDV 101: Jan. 1977.

/37/ Boelke, K. Analyse und Beurteilung von Lagesteuerungen für numerisch gesteuerte Werkzeugmaschinen. Berlin, Heidelberg, New York: Springer 1977.

/38/ Zypkin, J.S. Theorie der linearen Impulssysteme. München, Wien: Oldenbourg 1967.

/39/ Kneppo, P. Vergleich von linearen Regelalgorithmen für Prozeßrechner. PDV-Bericht Projekt Prozeßlenkung mit DV-Anlagen. KFK-PDV 96: Okt. 1976.

Zeichenerklärungen

Die Bedeutung der im Formelverzeichnis nicht angeführten indizierten Formelzeichen läßt sich aus Indizes- und Formelzeichentabelle entnehmen.

Indizes

A	Antrieb
AB	Abtastung
AN	Anschnitt
d	Differenz
F	Fräsprozeß
G	Grenze
GL	Grundlast
i	Istwert
IP	Interpolation, Interpolator
L	Bahnsteuerung (Lageregelung)
M	Modell
max	Maximum
min	Minimum
OR	Override
P	Programm, programmiert
R	Regler, Regelprogramm
s	Sollwert
S	Sehne
Sp	Hauptspindel
SR	Sensor
x	x-Richtung
y	y-Richtung
z	z-Richtung

Abkürzungen

ABT	Abtaster
AC	Adaptive Control
ACC	Adaptive Control Constraint (Grenzregelung)
ACO	Adaptive Control Optimization (Optimierregelung)
ADU	Analog-Digital-Umsetzer
AE	Anwender-Ebene
AGM	asymmetrische, gewichtete Mittelwertbildung
AN	Einheit zur Erkennung von An- und Ausschnitt
AP	Anwenderprogramm
B	Baustein
BS	Betriebssystem
BT	Bedientafel
CNC	Computerized Numerical Control
DAU	Digital-Analog-Umsetzer
DDC	direkte digitale Regelung (Direct Digital Control)
DDE	dynamische Digitaleingabe (Unterbrechungs-, Interrupt-Eingabe)
DEA	Digital-Ein/Ausgabe
DEDA	Digital-Ein/Ausgabe-Element
DMS	Dehnungsmeßstreifen
DV	Datenverarbeitung
FK	Festkomma
GK	Gleitkomma
GL	Glättungslogik
IP	Interpolator
IPP	Interpolationsprogramm
IVP	Interruptverarbeitungsprogramm
LSE	Lochstreifenleser
M	Modell
MD	Multiplikation/Division
MDB	MD-Baustein
MUX	Multiplexer
NC	Numerical Control
PI	Proportional-Integral

PID	Proportional-Integral-Differential
PP	Prozeßperipherie
Q	Interrupt-Quelle
RS	Regelstrecke
SG	Steuerglied
SR	Sensor
SP	Speicher, Halteglied
SS	Schnittstellen-Ebene
V	Interrupt-Vektor
WS	Warteschlange
WTF	Wartungsfeld
ZG	Zeitgeber
ZP	(Zentral-)Prozessor

Für das in Abschn. 3.1.2 angeführte Programmierbeispiel werden folgende Abkürzungen verwendet:

F	Adresse der Vorschubgeschwindigkeit
G	Adresse der Wegbedingung (G01 Linearinterpolation, G91 inkrementale Wegangabe)
N	Adresse der Satz-Nummer
X	Adresse der Bewegung in Richtung der x-Achse
Y	Adresse der Bewegung in Richtung der y-Achse

Formelzeichen

a	Schnittiefe
a^*	bezogene Schnittiefe
a_i	Konstante, i=1, 2, ...
A	Fläche
b_j	Konstante, j=1, 2, ...
b_R	Rechnerbelastung durch das ACC-Programm in % der Gesamtrechenzeit
B	Anzahl der berücksichtigten höchstwertigen Bitstellen einer Dualzahl
c_j	Konstante, j=1, 2, ...
C_0	Konstante für die Adaption von K_p an die Stellgröße
$1-c$	Anstiegswert der spezifischen Schnittkraft
d	Durchmesser
d^*	bezogener Durchmesser
d_{ex}	Exponent der asymmetrischen, gewichteten Mittelwertbildung
d_i	Konstante, i=1, 2, ...
D	Dämpfung
e_F	Eingriffsgröße
f	Funktion von ...
F_F	Schnittkraft
$F(p)$	Übertragungsfunktion
$F(j\omega)$	Frequenzgang
$F_L(p)$	Übertragungsfunktion der Bahnsteuerung
F_{max}	maximaler Fehler bei der angenäherten Darstellung einer Dualzahl
G	Kompensationsfunktion
i	Zählvariable
I	Interruptsignal
j	Zählvariable
k_s	spezifische Schnittkraft
$k_{s\,1.1}$	Hauptwert der spezifischen Schnittkraft
$k^*_{s\,1.1}$	bezogener Hauptwert der spezifischen Schnittkraft
K	Streckenverstärkung
K_{OR}	Override-Faktor

K_p	Proportionalbeiwert des PI-Algorithmus, Reglerverstärkung
K_v	Geschwindigkeitsverstärkung
L	Symbol für die Laplacetransformation
m	Ordnung des Kompensationsalgorithmus
M	Schnittmoment
M*	bezogenes Schnittmoment
n	Verhältnis $n=t/T_{AB}$ (ganze Zahl)
n_{Sp}	Drehzahl der Hauptspindel
N	Funktion des Steueralgorithmus
N_b	Anzahl der Bitstellen einer Dualzahl (1 Bitstelle entspricht $N_b=0$, 2 Bitstellen entsprechen $N_b=1$,usw.)
p	komplexe Variable
P	Leistung
q	bezogene Stellgröße
q^*	bezogene, ungewichtete Stellgröße
r	bezogene Regelgröße (Bezeichnung wird nur in Abschn.2 verwendet
r	Radius (Bezeichnung wird nur in Abschn.3 verwendet)
r*	bezogene Regelgröße vor der Verstärkungsangriffsstelle (Bezeichnung wird nur in Abschn.2 verwendet)
R	Funktion der Regelgröße, R=R(r(n), r(n-1), ...)
s	Sehnenlänge
s_z	Zahnvorschub
s_z^*	bezogener Zahnvorschub
s_z	Sehnenkomponente in z-Richtung (Bezeichnung wird nur in Abschn.3.1.2 verwendet)
S_M	Zeitfunktion mit der Periode T_{Sp}, stellt die Schwankungen im Schnittmoment dar
t	Zeit
t_{AN}	Anschnitt-Steuerzeit
T	Zeitkonstante eines PT_1-Glieds
T_1	Zeitkonstante des die Regelstrecke nachbildenden PT_1-Glieds
T_3	Erkennungszeit /32/
T_4	Ausführungszeit eines interruptspezifischen Antwortprogramms /32/

T_5	Rückkehrzeit /32/
T_{AB}	Abtastperiode
T_{IP}	Laufzeit des Interpolationsprogramms
T_{IPR}	T_{IP} unter dem Einfluß der Grenzregelung
T_N	Nachstellzeit des PI-Algorithmus
T_O	Organisationszeit
T_R	Laufzeit des ACC-Programms
T_S	Sehnenabfahrzeit
T_{Sp}	Periode der Hauptspindel
T_{SR}	Zeitkonstante des Sensors
u	Vorschub-, Bahngeschwindigkeit
u^*	bezogene Vorschub-, Bahngeschwindigkeit
u_i	Istwert der Bahngeschwindigkeit
u_s	Sollwert der Bahngeschwindigkeit
u_{sAN}	Anschnitt-Vorschubgeschwindigkeit
u_P	in einem NC-Satz programmierte Bahngeschwindigkeit
u_{smax}	maximale Bahngeschwindigkeit (durch die Interpolation bestimmt)
u_{smin}	minimale Bahngeschwindigkeit (durch die Interpolation bestimmt)
u_{max}	maximale Bahngeschwindigkeit (durch s_{zmax} bestimmt)
u_{min}	minimale Bahngeschwindigkeit (durch s_{zmin} bestimmt)
v	Schnittgeschwindigkeit
v_N	bezogene Eingangsgröße des Steueralgorithmus
V_A	Regelflächen-Verhältnis
w	Führungsgröße, Sollwert
x	bezogene Regelgröße
x	Lagewert in x-Richtung (Bezeichnung wird nur in Abschn. 2.2.1 verwendet)
x_{ANO}	Schaltschwelle der Anschnitterkennungs-Einheit
x_{SR}	bezogene Sensorausgangsgröße
X_{SR}	Sensorausgangsgröße
y	bezogene Stellgröße
z	Zähnezahl
z_P	Anzahl der Anwenderprogramme
z_Q	Anzahl der Interrupt-Quellen

z_V	Anzahl der Interrupt-Vektoren
$\delta(t)$	Deltafunktion
δ_Z	Toleranz bei der Zirkularinterpolation
$\varkappa$	Einstellwinkel
$\sigma(t)$	Einheitssprungfunktion
τ	Zeit (Integrationsvariable)
φ	Vorschubrichtungswinkel (Schnittwinkel)
φ_1	Eintrittswinkel
φ_2	Austrittswinkel
Φ	Funktion zur Beschreibung der Streckendynamik
ω	Kreisfrequenz
ω_0	Kennkreisfrequenz, Eckkreisfrequenz
ω_{02}	Kennkreisfrequenz des die Regelstrecke nachbildenden PT_2-Glieds

Die verwendeten Bezeichnungen und Formelzeichen orientieren sich an folgenden Vorschriften und Empfehlungen:

DIN 1301	Einheiten
DIN 1302	Mathematische Zeichen
DIN 1304	Allgemeine Formelzeichen
DIN 1313	Schreibweise physikalischer Gleichungen in Naturwissenschaft und Technik
DIN 6580	Begriffe der Zerspantechnik, Bewegungen und Geometrie des Zerspanvorgangs
DIN 6581	Begriffe der Zerspantechnik, Geometrie am Schneidkeil des Werkzeugs
DIN 19226	Regelungstechnik und Steuerungstechnik
DIN 66025	Programmaufbau für numerisch gesteuerte Arbeitsmaschinen
DIN 66216	Angaben über Schnittstellen zwischen Prozeßrechnersystem und Prozeß

1 Einleitung und Aufgabenstellung

Bei der Entwicklung neuer Produktionsmethoden in der spanenden Fertigung werden in zunehmendem Maße Digitalrechner eingesetzt /1, 2, 3/. Die Verwirklichung solcher Prozeßrechnersysteme reicht vom programmierbaren Kleinrechner, der die festverdrahteten Funktionen konventioneller numerischer Steuerungen (NC) übernimmt (Computerized Numerical Control, CNC), bis zu komplexen Fertigungssystemen, welche durch eine Hierarchie verschieden leistungsfähiger Digitalrechner gelenkt werden /4/.

Die Aufgaben, welche dem Rechner bzw. dem Rechnersystem übertragen werden, sind einmal Aufgaben der numerischen Steuerung zum anderen Aufgaben der Datenverwaltung und -verteilung und betreffen hauptsächlich die geometrische Informationsverarbeitung.
Daten über technologische Bearbeitungsgrößen werden bisher entweder aus Richtwerttabellen entnommen (manuelles Erstellen von NC-Programmen, Festlegung von Vorschub- und Schnittgeschwindigkeit) oder werden wie bei maschinellen Programmiersystemen (z.B. EXAPT) über sogenannte Schnittwertmodelle berechnet /5/.

Beiden Verfahren ist gemeinsam, daß während der Fertigung keine Informationen über den technologischen Zustand und Ablauf der Zerspanung dem steuernden Rechner rückgemeldet werden, um auf Grund veränderter Prozeßbedingungen eine Korrektur in den geometrischen (z.B. Schnittiefe) und technologischen (z.B. Vorschubgeschwindigkeit) Einstellwerten vorzunehmen.

Systeme, die in diesem Sinn den Zerspanvorgang überwachen und beeinflussen mit dem Ziel einer wirtschaftlichen Prozeßführung, sind unter dem Begriff "Adaptive Control" (AC) bekannt geworden. Für einen erfolgversprechenden Einsatz in der Fertigung kommen nach dem heutigen Stand der Technik hauptsächlich solche AC-Systeme in Frage, die einen bezüglich bestimmter Zielgrößen (z.B. Schnittmoment oder Schnittleistung) konstanten Prozeßablauf herbeiführen (Grenzregelung).

Diese Systeme wurden in der Vergangenheit für das Fertigungsverfahren Fräsen fast ausschließlich in analoger Gerätetechnik entwickelt /9/.

Der Einsatz eines Prozeßrechners zur Regelung des Fräsprozesses bietet gegenüber analogen Systemen unter folgenden Gesichtspunkten Vorteile:
Einmal können mit Hilfe des Rechners leistungsfähige Regelalgorithmen mit adaptiven Reglermodifikationen ohne großen gerätetechnischen Aufwand (z.B. durch kostengünstige Mikro-Computer-Systeme /36/) realisiert werden. Zum andern besteht bei Werkzeugmaschinen mit CNC die Möglichkeit, die Grenzregelung in den bereits vorhandenen Prozeßrechner der CNC zu integrieren, wobei der zusätzliche Hardware-Aufwand auf ein Minimum beschränkt bleibt.

Ziel dieser Arbeit ist die Entwicklung eines Bearbeitungssystems, bestehend aus einer Fräsmaschine mit CNC und einer in den Steuerungsrechner integrierten Grenzregelung. Dieses Ziel soll in drei Stufen erreicht werden:

1. Entwicklung einer direkten digitalen Grenzregelung
2. Integration dieser Grenzregelung in eine CNC
3. Realisierung des Bearbeitungssystems.

Die Arbeit veröffentlicht teilweise Ergebnisse aus dem Forschungsvorhaben "ACO-Regelungen für Fräsmaschinen" im Projekt "Prozeßlenkung mit DV-Anlagen" des 2. DV-Programms der Bundesregierung.

2 Adaptive Control-Systeme an Werkzeugmaschinen

Adaptive Control-Systeme an spanenden Werkzeugmaschinen sind Regelungssysteme zur selbsttätigen Führung des Bearbeitungsvorgangs. Das Ziel dieser Systeme ist ein meist nach wirtschaftlichen Kriterien ermittelter optimaler Prozeßablauf.

Um eine prinzipielle Unterscheidung in der Wirkungsweise und Komplexität verschiedener AC-Systeme zu treffen, wird eine Aufteilung in

- Grenzregelungen (Adaptive Control Constraint, ACC) und
- Optimierregelungen (Adaptive Control Optimization, ACO)

vorgenommen /12/.

Sinn und Zweck der Grenzregelung ist das Festhalten (Festwertregelung) prozeßbestimmender Kenngrößen auf ihren Grenzwerten (Grenzregelung). Solche Kenngrößen sind

- Schnittkraft F_F,
- Schnittmoment M und
- Schnittleistung P.

Der Einfluß der Grenzregelung auf das Optimierziel geringste Fertigungskosten liegt vor allem in einer Verminderung der Hauptzeiten /13/.

Von den vier wesentlichen Bearbeitungsgrößen

- Eingriffsgröße e_F
- Schnittiefe a,
- Schnittgeschwindigkeit v und
- Zahnvorschub s_z

ist im praktischen Einsatz nur die Größe s_z (über die Stellgröße Vorschubgeschwindigkeit u bei v=const.) beeinflußbar.

Die kontinuierliche Variation der Schnittiefe bzw. der Eingriffsgröße ohne eine übergeordnete Geometriesteuerung (Schnittaufteilung /13/) verfälscht die gewünschte Geometrie des Werkstücks (Sollgeometrie). Zudem ist bei vielen Fräswerkzeugen nur die Reduzierung der Schnittiefe möglich.

Die Veränderung der Schnittgeschwindigkeit führt durch ihren dominierenden Einfluß auf das Standzeitverhalten der Werkzeuge zu einer unvorhersagbaren Beeinflussung der Fertigungskosten. Ebenfalls gegen die Variation der Schnittgeschwindigkeit spricht die Tatsache, daß die üblicherweise eingesetzten Hauptantriebe gegenüber den reaktionsschnellen Vorschubantrieben zum Ausregeln von Streckenstörungen (z.B. sprungartige Zunahme der Schnittiefe) zu träge sind.

Im Vergleich zu ACC-Systemen stellen ACO-Systeme eine höhere Organisationsform der Prozeßführung dar. Sie besitzen die Aufgabe, <u>während</u> des Fertigungsprozesses vorgegebene Zielfunktionen wie Fertigungszeit und -kosten zu optimieren /12/. Ein ACO-System ist ein on-line-Optimierungssystem. Seine wichtigste Prozeßkenngröße ist der Werkzeugverschleiß.

Während ACC-Systeme in analoger Technik <u>oder</u> prozeßrechnergesteuert realisierbar sind, erfordern ACO-Systeme auf Grund der auftretenden rechenintensiven Optimierungsprobleme immer den Rechnereinsatz.

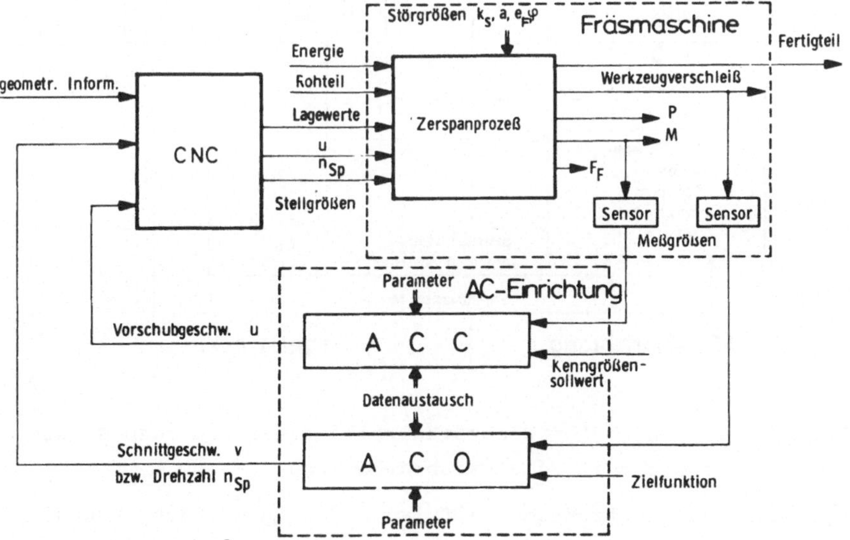

<u>Bild 2/1:</u> Funktionsstruktur eines ACO-Systems

In Bild 2/1 wird die Funktionsstruktur eines ACO-Systems gezeigt, die dem in /13/ beschriebenen System entspricht.

2.1 Analoge und digitale ACC-Systeme

Bisher verwirklichte ACC-Systeme für die Fräsbearbeitung stellen im regelungstechnischen Sinn überwiegend kontinuierlich arbeitende Systeme dar. Die Realisierung der verschiedenen ACC-Funktionen wird ausschließlich durch den Einsatz analoger Bauelemente wie Potentiometer, Operationsverstärker, Funktionsbausteine usw. erreicht (Hardware-ACC-Systeme). Solche Systeme werden an konventionell und numerisch gesteuerten Fräsmaschinen eingesetzt /11/.

Arbeitsfähige direkte digitale ACC-Systeme für Fräsmaschinen mit CNC sind bisher nicht bekannt.

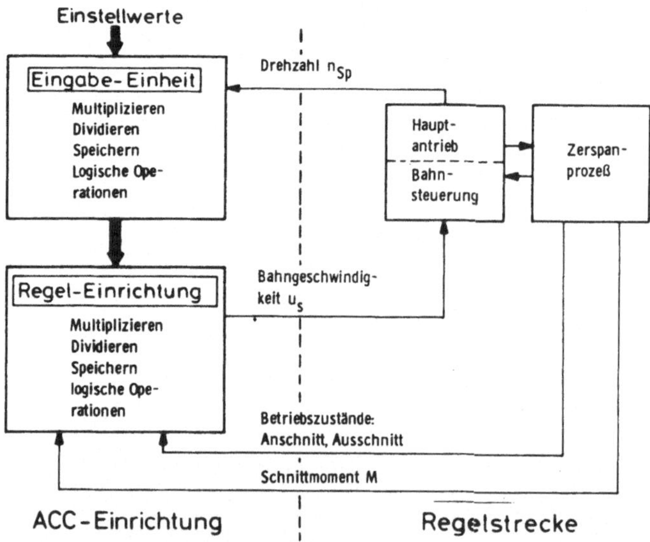

Bild 2/2: Vereinfachtes Blockschaltbild einer analogen Grenzregelung für die Fräsbearbeitung

Begründen und rechtfertigen läßt sich die Entwicklung von direkten digitalen ACC-Systemen durch zwei sich ergänzende Tatsachen:

1. Verstärkter Einsatz von Prozeßrechnern in der spanenden Fertigung (Werkzeugmaschinen mit CNC, Ablösung der Mini-Computer durch preiswertere Mikro-Computer) /1/.

2. Die für eine Grenzregelung erforderlichen Einzelfunktionen, wie Speichern, logische und arithmetische Verknüpfungen, eignen sich besonders für die Ausführung in einem Rechner. Es ist daher möglich, die durch den schwer beherrschbaren Zerspanprozeß Fräsen geforderten nichtlinearen und adaptiven Regelfunktionen ohne großen gerätetechnischen Aufwand zu entwickeln.

In Bild 2/2, linke Hälfte, sind diese oben angeführten Operationen in einem vereinfachten Blockschaltbild einer realisierten (analogen) Grenzregelung dargestellt.

Wird nun die Ausführung der in der linken Hälfte von Bild 2/2 dargestellten Funktionen in einen Prozeßrechner verlagert, so entsteht aus dem (weitgehend) kontinuierlichen, analogen Regelungssystem ein direkter digitaler Regelkreis.

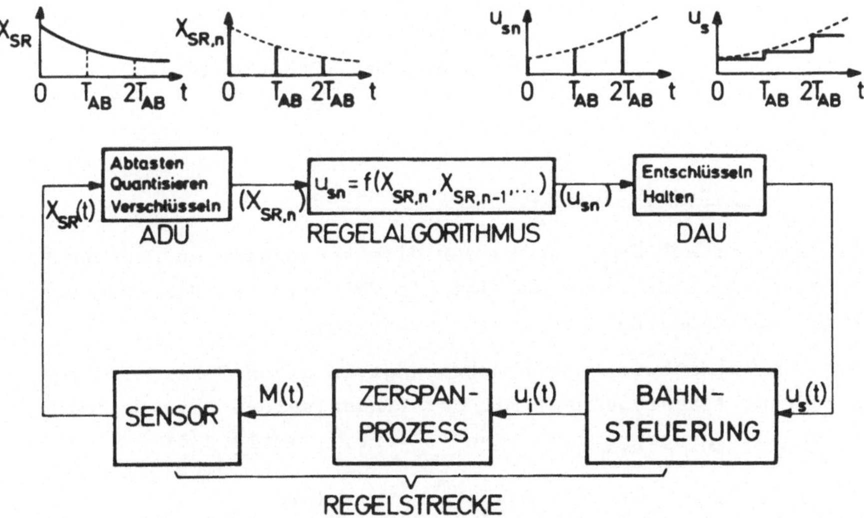

Bild 2/3: Struktur eines direkten digitalen Regelkreises (DDC)

Unterschiede zu analogen Systemen ergeben sich vor allem aus der diskreten digitalen Werteverarbeitung des Prozeßrechners. In Bild 2/3 wird die Wirkungsweise gezeigt.

Das kontinuierliche Eingangssignal $X_{SR}(t)$ wird zunächst durch einen Analog-Digital-Umsetzer (ADU) abgetastet, quantisiert und verschlüsselt; d.h. in eine Folge von Binärzahlen verwandelt. Die Zeitdauer zwischen zwei Abtastungen nennt man die Abtastperiode T_{AB}. Ein im Prozeßrechner gespeichertes Programm berechnet aus der Folge der abgetasteten Werte $X_{SR,n}$ die Ausgangsgrößen u_{sn}, welche über einen Digital-Analog-Umsetzer (DAU) entschlüsselt und gehalten werden. Dessen treppenförmiges Ausgangssignal $u_s(t)$ wirkt als Stellgröße auf den Prozeß (Regelstrecke) ein.

2.2 Übertragungsverhalten der Regelstrecke

Die Grundlage der Entwicklung von Regelalgorithmus und -strategie ist das Übertragungsverhalten der Regelstrecke. Zur Darstellung ihres Verhaltens wird die Strecke in drei Teilstrecken aufgeteilt (Bild 2/3):

- Bahnsteuerung
- Zerspanprozeß (Fräsprozeß)
- Schnittmoment-Sensor

2.2.1 Übertragungsverhalten der Bahnsteuerung

Im Hinblick auf den Einsatz der direkten digitalen Grenzregelung an einer Werkzeugmaschine mit CNC wird das Übertragungsverhalten einer Bahnsteuerung betrachtet.

Das in /10/ entwickelte Übertragungsverhalten F_L einer Bahnsteuerung (Lageregelung) mit der Eingangsgröße Lage-Sollwert x_s und der Ausgangsgröße Lage-Istwert x_i (Bild 2/4)

$$F_L = \frac{L\{x_i(t)\}}{L\{x_s(t)\}} = \frac{x_i(p)}{x_s(p)}$$

wird durch die Umformung /15/

$$\frac{dx}{dt}(t) = u(t), \quad L\left\{\frac{dx(t)}{dt}\right\} = L\left\{u(t)\right\} = p\,L\left\{x(t)\right\}$$

für Betrachtungen im Grenzregelkreis zugänglich:

$$F_L = \frac{x_i(p)}{x_s(p)} = \frac{u_i(p)}{u_s(p)}$$

Der Streckenteil Bahnsteuerung mit der Eingangsgröße u_s und der Ausgangsgröße u_i besitzt demnach als Übertragungsglied innerhalb des Grenzregelkreises dieselbe Übertragungsfunktion $F_L(p)$ wie bei der üblichen Betrachtung mit der Eingangsgröße x_s (Lage-Sollwert) und der Ausgangsgröße x_i (Lage-Istwert). In Bild 2/4 ist das Übertragungsverhalten der Bahnsteuerung angegeben. Der Übertragungsfunktion F_L liegt ein linearer Lageregelkreis zu Grunde, dessen Antrieb durch ein Verzögerungsglied 2. Ordnung dargestellt wird und dessen Lageregler ein proportionales Verhalten besitzt. In dieser Form wird F_L für die weiteren Untersuchungen benutzt.

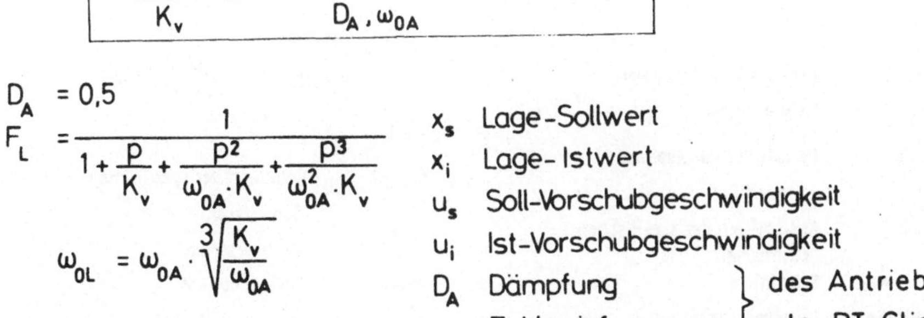

$$D_A = 0{,}5$$

$$F_L = \frac{1}{1 + \frac{p}{K_v} + \frac{p^2}{\omega_{0A} \cdot K_v} + \frac{p^3}{\omega_{0A}^2 \cdot K_v}}$$

$$\omega_{0L} = \omega_{0A} \cdot \sqrt[3]{\frac{K_v}{\omega_{0A}}}$$

$$\frac{K_v}{\omega_{0A}} = 0{,}3 \quad , \quad \omega_{0A} = 105\,\frac{1}{s}$$

$$\rightarrow \boxed{\omega_{0L} = 70\,\frac{1}{s}}$$

x_s Lage-Sollwert
x_i Lage-Istwert
u_s Soll-Vorschubgeschwindigkeit
u_i Ist-Vorschubgeschwindigkeit
D_A Dämpfung } des Antriebs
ω_{0A} Eckkreisfrequenz } als PT_2-Glied
K_v Geschwindigkeitsverstärkung
ω_{0L} Eckkreisfrequenz des Lageregelkreises

Bild 2/4: Übertragungsverhalten der Bahnsteuerung

Als Zahlenwerte sollen gelten:

$$K_V / \omega_{0A} = 0{,}3 \ , \ \omega_{0A} = 105 \ s^{-1}$$

Damit wird näherungsweise:

$$\omega_{0L} = 70 \ s^{-1}$$

Diese Werte sind nach /37/ repräsentativ für gängige Werkzeugmaschinen.

2.2.2 Übertragungsverhalten des Fräsprozesses

Ausgehend von der Schnittkraftgleichung nach Kienzle /8/ läßt sich für den Verlauf des normierten Schnittmoments M* (t) folgender Verlauf angeben (Bild 2/5):

$$M^*(t) = 10^{-3c} \cdot a^* \cdot \frac{d^*}{2} \cdot k^*_{s1.1} \cdot \sin^{-c}\varkappa \cdot s_z^{*\,1-c}(t) \cdot S(t)$$

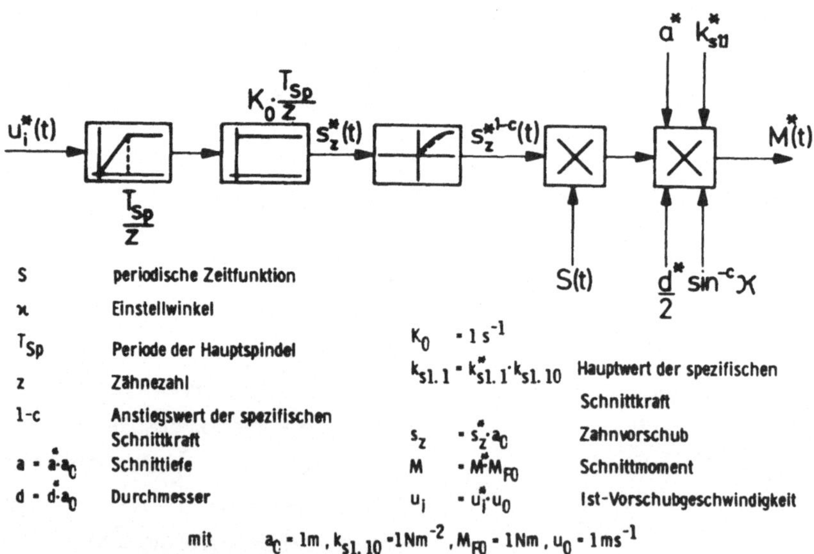

Bild 2/5: Übertragungsverhalten des Fräsprozesses

Die Funktion S(t) stellt den wechselnden Eingriff der einzelnen Fräserschneiden dar. Mit Hilfe der Einheitssprungfunktion σ(t) läßt sich S(t) wie folgt darstellen:

$$S(t) = \sum_{i=0}^{z-1} \left[\sin^{1-c} 2\pi \left(\frac{t}{T_{Sp}} - \frac{i}{z} \right) S_\sigma (t,i) \right]$$

mit:

$$S_\sigma (t,i) = \sum_{\nu=0}^{\infty} \left\{ \sigma\left[t - T_{Sp} \left(\nu + \frac{i}{z} + \frac{\varphi_1}{2\pi} \right) \right] - \sigma\left[t - T_{Sp} \left(\nu + \frac{i}{z} + \frac{\varphi_2}{2\pi} \right) \right] \right\}$$

T_{Sp} Periode der Hauptspindel
z Zähnezahl des Fräsers
φ_1 Eintrittswinkel des Fräsers
φ_2 Austrittswinkel des Fräsers

Die Beziehung

$$s^*_z(t) = K_0 \int_0^t \left[u^*_i(\tau) - u^*_i \left(\tau - \frac{T_{Sp}}{z} \right) \right] d\tau$$

nach /16/ gibt den Zusammenhang zwischen den normierten Größen Zahnvorschub s^*_z und der Vorschubgeschwindigkeit u^*_i wieder.

Die Betrachtung der Schnittverhältnisse beim Fräsen gekrümmter Bahnen zeigt, daß in diesem Fall Vorschub- und Bahngeschwindigkeit nicht identisch sind /18/. Zwischen der Reglerausgangsgröße "Bahngeschwindigkeit" und der Vorschubgeschwindigkeit u^*_i besteht eine Beziehung, die durch die geometrischen Verhältnisse zwischen Werkzeug, Werkstück und Bahnkurve bestimmt ist.
Die in dieser Arbeit durchgeführten Untersuchungen sind davon nicht betroffen. Falls nichts Gegenteiliges angegeben wird, ist der Fall der geradlinigen Bewegung vorausgesetzt, bei dem Bahn- und Vorschubgeschwindigkeit identisch sind. Beide Begriffe werden gleichbedeutend verwendet.

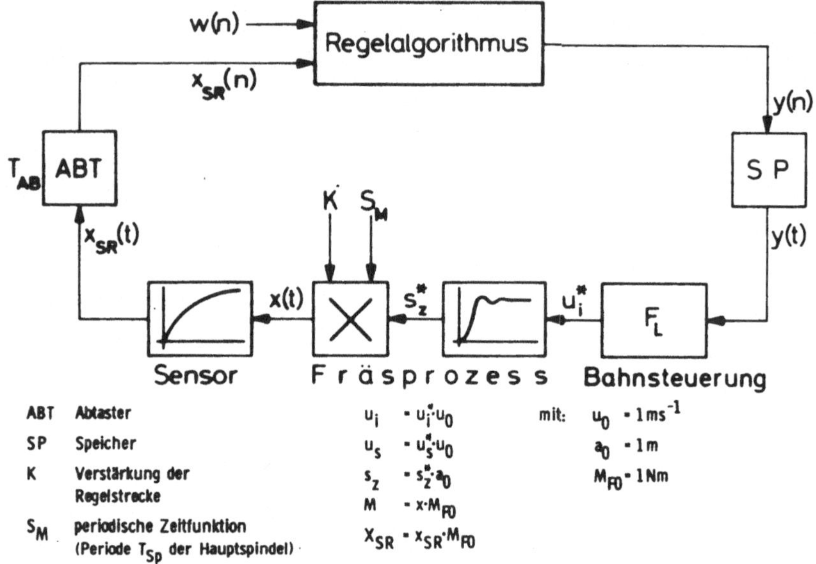

Bild 2/6: Regelkreis mit vereinfachter Regelstrecke

Wie aus den oben angegebenen Zusammenhängen zu entnehmen ist, besteht zwischen Ein- und Ausgangsgrößen des Fräsprozesses ein stark nichtlinearer Zusammenhang (Bild 2/5). Eine mathematische Behandlung erweist sich als äußerst schwierig und aufwendig. Die in den weiteren Abschnitten erzielten Ergebnisse werden deshalb durch Versuche gewonnen entweder mit der Werkzeugmaschine selbst oder mit einem Hardware-Modell, welches das Übertragungsverhalten der vereinfachten Regelstrecke nachbildet (Bild 2/6).

Der Zusammenhang zwischen Zahnvorschub s_z und der Vorschubgeschwindigkeit u_i läßt sich näherungsweise durch ein Verzögerungsglied 2. Ordnung nachbilden /17/. Die bestimmenden Größen - Dämpfung D_F und Kennkreisfrequenz ω_{0F} - ergeben sich zu

$$D_F = 0{,}7 \quad , \omega_{0F} = \frac{\pi z}{T_{Sp}} = \pi\, z\, n_{Sp}$$

In der Tabelle auf Bild 2/7 sind Werte für ω_{0F} bei exemplarischen Bearbeitungsfällen des Schruppfräsens angegeben.

Werkstück-Werkstoff	Werkzeug	Zähnezahl z	Drehzahl n_{Sp}/min^{-1}	Kennkreisfrequenz ω_{0F}/s^{-1}
Titan	Schaftfräser	2	190	20
Titan	Messerkopffräser	10	59	31
Stahl	Messerkopffräser	10	230	120
Stahl	Schaftfräser	4	550	115
Aluminium	Messerkopffräser	18	1000	942

Bild 2/7: Beispiele für Werte der Kennkreisfrequenz ω_{0F} beim Schruppfräsen

Die Kennkreisfrequenz ω_{0F} bei der Aluminiumbearbeitung mit Messerkopffräser ist demnach rd. 47 mal größer als bei der Titanbearbeitung mit Schaftfräser. Die Grenzregelung muß daher in der Lage sein, sich der stark veränderlichen Streckendynamik, bedingt durch die Bearbeitung der unterschiedlichen Werkstoffe, anzupassen (s. Abschn. 2.3.2.3).

Die Verstärkungsfaktoren der einzelnen Regelstreckenglieder und des Sensors werden im Verstärkungsfaktor K zusammengefaßt (Bild 2/6). K ist dimensionslos.

Im Verlauf des bei zahlreichen Zerspanversuchen aufgenommenen Schnittmoments sind die einzelnen Zahneingriffe mit der Periode T_{Sp}/z erkennbar. Diesen einzelnen Zahnstößen ist jedoch eine dominierende Schwingung mit der Periode T_{Sp} der Hauptspindel überlagert, deren Ursachen in Unsymmetrien des Werkzeugs und der Meßeinrichtung zu suchen sind.
Der Einfluß der im Schnittmomentverlauf enthaltenen periodischen Schwankungen auf das Regelverhalten kann daher durch multiplikatives Aufschalten (Bild 2/8) einer Zeitfunktion

$$s_M(t) = \sin 2\pi \frac{t}{T_{Sp}}$$

untersucht werden.

2.2.3 Übertragungsverhalten des Schnittmoment-Sensors

Das Übertragungsverhalten des Sensors wird angenähert durch das Zeitverhalten eines Verzögerungsglieds 1. Ordnung (Bild 2/6). Die Sensorzeitkonstante T_{SR} variiert in den Grenzen von (nahezu) 0 bis 200 ms. $T_{SR} = 0$ gilt für die Schnittmomentmessung mittels Dehnungsmeßstreifen (proportionales Verhalten). Bei der indirekten Messung des Schnittmoments über elektrische Kenngrößen des Hauptantriebs treten Zeitkonstanten im Größenbereich der oben angegebenen Werte auf /9/.

2.3 Regelkonzept für ein direktes digitales ACC-System

Die im Prozeßrechner zu verwirklichenden Reglerfunktionen müssen dieselben Anforderungen erfüllen, die auch an analoge ACC-Einrichtungen gestellt werden:

1. Einhalten von Systemgrenzen wie
   - minimaler, maximaler Zahnvorschub
   - maximale Antriebsleistung, usw.

   zum Schutz von Maschine, Werkzeug und Werkstück.
2. Reaktionsschnelles Aussteuern bzw. Ausregeln des Anschnittvorgangs (Berührung von Werkzeug und Werkstück). Dadurch können Leerwege rasch überfahren und Fertigungszeit eingespart werden.
3. Schnelles Ausregeln von Störungen (Bild 2/5), hervorgerufen durch starke Schwankungen (Faktor 10 und größer) der
   - Eingriffsverhältnisse des Werkzeugs (Eingriffsgröße e_F,Vorschubrichtungswinkel φ),
   - Schnittiefe a,
   - Zerspanbarkeit(charakterisiert durch die spezifische Schnittkraft $k_{s1.1}$),
   - Bahnkrümmung (s.Abschn.2.2.2).

   Dies ist die eigentliche regelungstechnische Aufgabe des ACC-Systems und ermöglicht das Festhalten prozeßbestimmender Größen wie das Schnittmoment auf ihren Grenzwerten.

Die Forderungen aus Punkt 1 werden durch Überwachungsroutinen innerhalb des ACC-Programms erfüllt und stellen keine besondere Probleme in der Systementwicklung dar.

Anforderung 2 wirft die Frage auf, wie rasch in den Prozeßrechner eingegebene Signale (Interrupts, Unterbrechungseingaben) auf den Prozeß durch Prozeßrechner-Ausgabesignale einwirken können (Abschn. 2.3.3).

Anforderung 3 führt zu den zentralen Fragen, deren Beantwortung die Einsatzmöglichkeit eines Prozeßrechners für ACC weitgehend bestimmt: die Frage nach der Größe der Abtastperiode (Abschn. 2.3.1), die Frage nach der Laufzeit des Regelprogramms (Abschn. 2.3.3.2) und die Frage nach der Adaption des Regelalgorithmus an stark schwankende Streckenverstärkungswerte (Abschn. 2.3.2.2).

In Bild 2/8 sind Größenordnungen für Abtastperioden in verschiedenen Einsatzgebieten aufgeführt.

Einsatzgebiet	Aufgabe	Abtastperiode					
		≦ 100 ms	1 s	5 s	20 s	(60...180)s	(30...60) min
Kraftwerk	Ablaufsteuerung		X	X			
	Blockführung		X	X			
Lastverteiler	Netzregelung		X	X			
Walzwerk	Drehzahlregelung von Motorantrieben	X					
	Positioniersteuerung	X					
	Blockführung	X					
Hütten	LD-Konverter Prozeßführung		X	X			
	Hochofenführung				X	X	
	Prozeßführung im Stahlwerk			X	X		
Zementwerk	Positioniersteuerung		X				
	Ablaufsteuerung		X	X			
Lagerhaus	Positioniersteuerung		X				
Ölpipeline	Prozeßführung		X	X	X		
Haustechnik	Führung von Klimaanlagen und Kältemaschinen						X
Chemie	Prozeßführung			X	X	X	

Bild 2/8: Abtastperioden in verschiedenen Einsatzgebieten der Prozeßführung /20/

Wie sich zeigen wird, liegt die für ein gutes Regelverhalten erforderliche Abtastperiode für ein ACC-System unter den Werten in Bild 2/8. Dadurch liegt auch das Verhältnis zwischen Abtastperiode und Programmlaufzeit (pro Abtastperiode) ungünstiger als in den meisten DDC-Anwendungsfällen.

Die Größe der Abtastperiode ist bei Grenzregelungssystemen für das Fertigungsverfahren Fräsen ein wesentlicher, beschränkender Faktor bei der Festlegung von Umfang und Komplexität der Regelalgorithmen. Bei ihrer Entwicklung sind daher nicht nur Eigenschaften der Regelstrecke zu berücksichtigen, sondern es wird auch der Prozeßrechner unter den Aspekten

- arithmetische Fähigkeiten,
- Interruptverarbeitung und
- Betriebssystem

mit in die Überlegungen einbezogen.

Ein Teil der Untersuchungen in Abschn. 2.3.3 wurde mit dem Prozeßrechner Siemens 320 durchgeführt. Seine Eigenschaften und Merkmale sind vergleichbar für die Mehrzahl der gegenwärtig auf dem Markt befindlichen Modelle, wodurch die mit diesem Rechner gewonnenen Ergebnisse auch allgemeingültigen Charakter besitzen.

2.3.1 Wahl der Abtastperiode

Ein erster wesentlicher Schritt beim Entwurf der Regelstrategie ist die Bestimmung oder zumindest die Abschätzung der Abtastperiode. An Hand der abgeschätzten Werte ist es möglich, eine Vorauswahl der Regelstrategien, ihrer Programmierung und Organisation im Rechner zu treffen.

Die Hauptaufgabe einer Grenzregelung (Struktur nach Bild 2/6 wird für die weiteren Untersuchungen zugrunde gelegt) ist das Ausregeln von Streckenstörungen. Solche Störungen wirken multiplikativ in der Regelstrecke und treten zu unvorhersagbaren Zeitpunkten auf. Da der Prozeß sich zwischen zwei Abtastzeitpunkten nicht unter der Kontrolle der Regelung befindet, muß die Dauer zwischen zwei Abtastzeitpunkten -d.h. die Abtastperiode- möglichst klein sein.

Von der Systemdynamik her gesehen ist daher $T_{AB}=0$ die beste Abtastperiode.

Dieser Forderung kann aus zwei Gründen nicht entsprochen werden:

Einmal benötigt jedes Regelprogramm eine gewisse Laufzeit T_R. Eine Abtastperiode $T_{AB} < T_R$ ist daher nicht möglich.

Zum anderen ist es ein wirtschaftliches Anliegen, dem Prozeßrechner möglichst viele Aufgaben zu übertragen, d.h. eine möglichst große Abtastperiode für jede Aufgabe (z.B. Simultanarbeit von CNC- und ACC-Funktionen) zu erreichen.

Die Wahl der Abtastperiode wird daher ein Kompromiß sein zwischen der Forderung nach der unmittelbaren Reaktion des Rechners auf Störgrößeneinwirkungen und der Forderung nach einer wirtschaftlichen Auslastung des Rechners.

Nachfolgend wird die Abtastperiode unter zwei verschiedenen Gesichtspunkten abgeschätzt:

1. Bandbreite der Regelstreckenglieder
2. Systemstörverhalten

2.3.1.1 Bandbreite und Abtastperiode

Die Fourier-Transformierte eines abgetasteten Signals $x^*(t)$ (Bild 2/9) kann durch die Beziehung

$$x^*(j\omega) = \frac{1}{T_{AB}} \sum_{n=-\infty}^{\infty} x(j\omega + jn\omega_{AB}) \qquad n=0,\pm 1,\pm 2,\ldots$$

mit $p=j\omega$ dargestellt werden. $x(j\omega)$ ist die Fourier-Transformierte des nicht abgetasteten Signal $x(t)$.

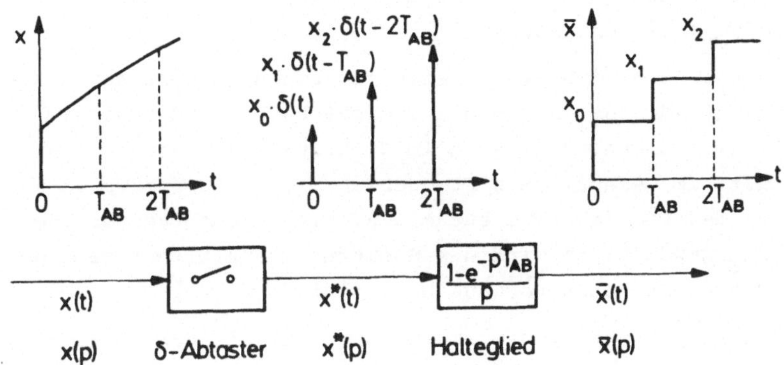

Bild 2/9: Darstellung der Signalabtastung durch Reihenschaltung von "δ-Abtaster" und Halteglied /22/

Wie in Bild 2/10 gezeigt wird, besteht das Spektrum der abgetasteten Funktion x*(t) aus der periodischen Wiederholung des Spektrums von x(t) mit der Abtastkreisfrequenz ω_{AB} /7/.

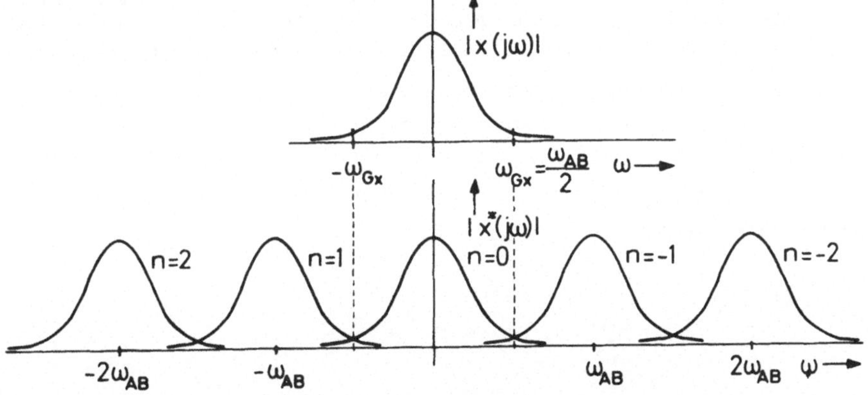

Bild 2/10: Zusammenhang zwischen dem Frequenzspektrum einer stetigen und abgetasteten Zeitfunktion

Bei der Wahl $\omega_{AB} \geqq 2\,\omega_{Gx}$ (ω_{Gx} ist die Grenzkreisfrequenz des Signals x(t)) bleibt das Spektrum von x(t) in dem von x*(t) erhalten und kann durch ein Tiefpaßfilter mit der Grenzkreisfrequenz $\omega_{AB}/2$ näherungsweise regeneriert werden. Bei beliebigem Zeitverlauf von x(t) ist die Größe ω_{Gx} unbekannt, d.h. ω_{AB} ($\geqq 2\omega_{Gx}$) ist unbekannt.

Eine andere Situation ergibt sich für einen geschlossenen Regelkreis (Bild 2/6). Durch den Tiefpaßcharakter der Regelstrecke (s. Abschn. 2.2) sind im Spektrum $x(j\omega)$ der Regelgröße x(t) im wesentlichen Frequenzen bis zur Grenzkreisfrequenz ω_G der Regelstrecke enthalten. Wird die Abtastperiode $\omega_{AB} \geqq 2\omega_G$ gewählt, so wird das Spektrum von x(t) nur geringfügig durch den Abtastvorgang beeinflußt.

Die kleinste Abtastperiode ergibt sich bei größter Streckendynamik, d.h. für $T_{SR}=0$ (z.B. Momentenmessung über Dehnungsmeßstreifen-Sensor) und $\omega_{0F}=942\ s^{-1}$ (s. Bild 2/7).
Wird dieser Wert gegenüber $\omega_{0F}=70\ s^{-1}$ vernachlässigt (Bild 2/4), so reduziert sich die Betrachtung auf die Dynamik der Bahnsteuerung.

In Bild 2/11 ist die durch ihre Asymptoten (für $\omega \longrightarrow 0$ und $\omega \longrightarrow \infty$) angenäherte Amplitudenkennlinie $|F(j\omega)| = |F_L(j\omega)|$ dargestellt. Für die Größe der Grenzfrequenz ω_G wird gefordert, daß das Spektrum für $\omega > \omega_G$ nur "unwesentliche" Anteile enthält. Der Vergleich zwischen den Ergebnissen des folgenden Abschnitts mit den verschiedenen Grenzfrequenzen und ihren zugeordneten Abtastperioden (Tabelle in Bild 2/11) wird zeigen, daß zur Abschätzung von T_{AB} für Grenzregelungen beim Fräsen die 40 dB-Grenzfrequenz geeignet ist.

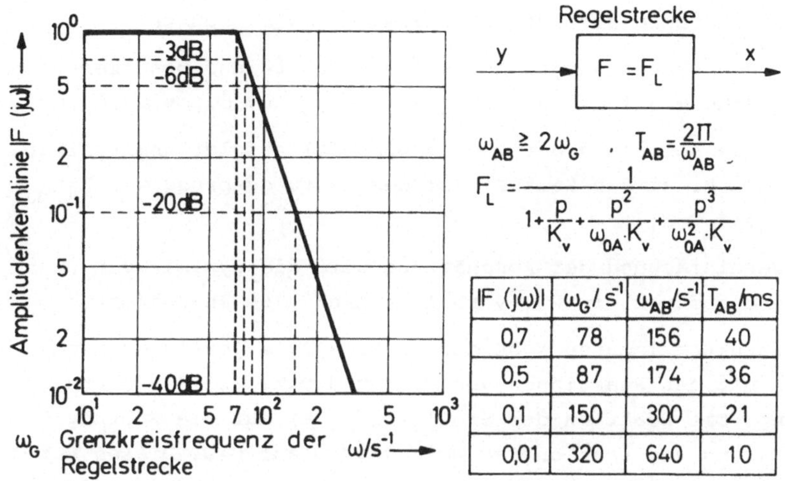

$\vert F(j\omega)\vert$	ω_G/s^{-1}	ω_{AB}/s^{-1}	T_{AB}/ms
0,7	78	156	40
0,5	87	174	36
0,1	150	300	21
0,01	320	640	10

Bild 2/11: Amplitudenkennlinie der vereinfachten Regelstrecke (ohne Streckenverstärkung)

2.3.1.2 Systemstörverhalten und Abtastperiode

Der denkbar ungünstigste Störungsfall ist der sprunghafte Anstieg der Streckenverstärkung K am "Ende" des Fräsprozesses, hervorgerufen durch eine sprunghafte Zunahme der Schnittiefe a (s. Bild 2/6). Dieser Sprung wirkt sich voll aus im Zeitverlauf des Schnittmoments M(t), d.h. im Verlauf von x(t).

Wird die Regelgröße kurz vor dem sprunghaften Anstieg der Streckenverstärkung abgetastet, so bleibt diese Störung bis zur nächsten Abtastung vom Regler "unbemerkt". In dieser Zeit bleibt die Störung voll wirksam. Erst nach Ablauf der Zeit T_{AB} kann eine Reaktion des Reglers auf die Störung erfolgen.

Die Auswirkung der Abtastperiode auf das Störverhalten wird an zwei Reglerstrukturen abgeschätzt:

Struktur 1: herkömmliche Reglerstruktur mit Bildung der Regeldifferenz (Bild 2/12)

Struktur 2: Kompensation der Streckenverstärkung (Abschn. 2.3.2.3) (Bild 2/13)

Die Abschätzung erfolgt unter zwei Voraussetzungen:

- die Übertragungsglieder des Regelkreises besitzen eine möglichst große Dynamik ($T_{SR} = 0$, $\omega_{0F} \gg \omega_{0L}$)
- die Abtastung der Regelgröße x(t) erfolgt unmittelbar (d.h. um die Zeit ε) vor dem Störungssprung von $K=K_0$ auf $K=K_1$.

Zur Vereinfachung der Abschätzung wird die Dynamik der Bahnsteuerung durch ein PT_1-Verhalten nach /10/ angenähert.

Die Struktur 1 entspricht dem in Bild 2/12 gezeigten Regelkreis mit den Reaktionen von x(t) und y(t) auf den Störungssprung. Die Reaktion der Stellgröße y(t) auf die Störung sei ein Sprung vom stationären Wert $y=w/K_0$ auf y=0. Dieses Verhalten gewährleistet, daß der Wert von x(t) rasch auf den Sollwert w und darunter absinkt. Für den Fräsprozeß bedeutet dies, daß das hohe Schnittmoment nach dem Störungssprung rasch abgebaut wird. Der Verlauf von x(t) ergibt sich dann als Antwort des Systems -Bahnsteuerung und Fräsprozeß- auf die Verläufe von K(t) und y(t) nach Bild 2/12.

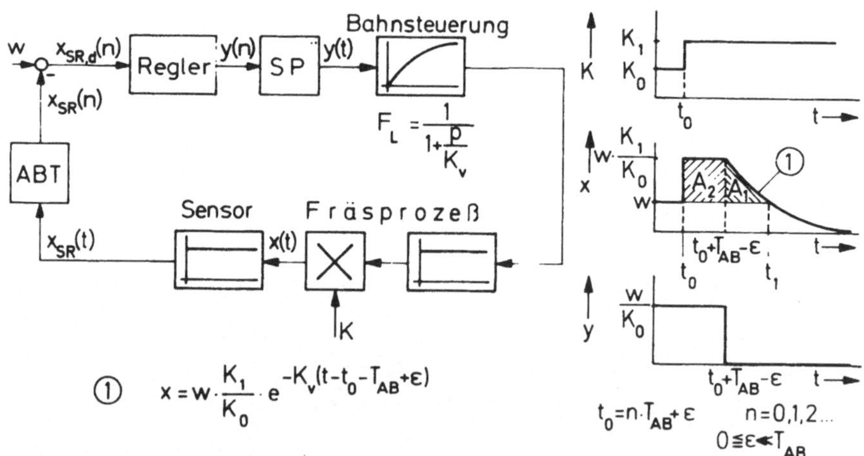

Bild 2/12: Abschätzung der Abtastperiode bei sprungförmiger Streckenstörung (herkömmliche Struktur mit Bildung der Regeldifferenz)

Um die Größe der Abtastperiode T_{AB} abzuschätzen wird das Verhältnis V_A der Regelflächen A_2 zu A_1+A_2 betrachtet (Bild 2/12). Die Regelfläche A_2 rührt her von der Totzeitwirkung der Abtastperiode, die Fläche A_1 von der Reaktion des Reglers (Sprung von $y=w/K_0$ auf $y=0$) zusammen mit der Dynamik der Regelstrecke (als PT_1-Verhalten angenähert):

$$V_A = A_2/(A_2 + A_1)$$

Durch die Regelflächen A_1 bzw. A_2 soll die "Einwirkung" der Regelgröße Schnittmoment auf den Fräsprozeß charakterisiert werden. Das Verhältnis V_A bestimmt demnach den Anteil dieser Einwirkung, der durch die alleinige Wirkung der Abtastperiode verursacht wird.

Nach der Berechnung der Teilflächen A_1 und A_2 durch Integration von x(t) über der Zeit t kann das Verhältnis V_A nach der Abtastperiode T_{AB} aufgelöst werden:

$$T_{AB} = \frac{1}{K_v} \cdot \frac{V_A}{1-V_A} \cdot \frac{K_1/K_0 - 1 - \ln K_1/K_0}{K_1/K_0 - 1}$$

Läßt man einen Wert V_A = 25% zu, so resultiert ein Wert für die Abtastperiode (mit $K_v=30\ s^{-1}$, $K_1/K_0= 10$) von

$$T_{AB} = 8 \text{ ms} .$$

Der Strukturtyp 2 kann nach Abschn. 2.3.2.3 als Steuerkette dargestellt werden (Bild 2/13). Dadurch wird eine Störung K(t) am Ausgang der Strecke durch die Stellgröße $y=w/K(t-T_{AB}+\varepsilon)$ am Streckeneingang kompensiert.

Für die Abtastperiode T_{AB} ergibt sich entsprechend den Berechnungen zu Bild 2/12:

$$T_{AB} = \frac{1}{K_v} \frac{V_A}{1-V_A}$$

Mit den Zahlenwerten $K_v=30\ s^{-1}$ und $V_A= 25$ % wird

$$T_{AB} = 11 \text{ ms} .$$

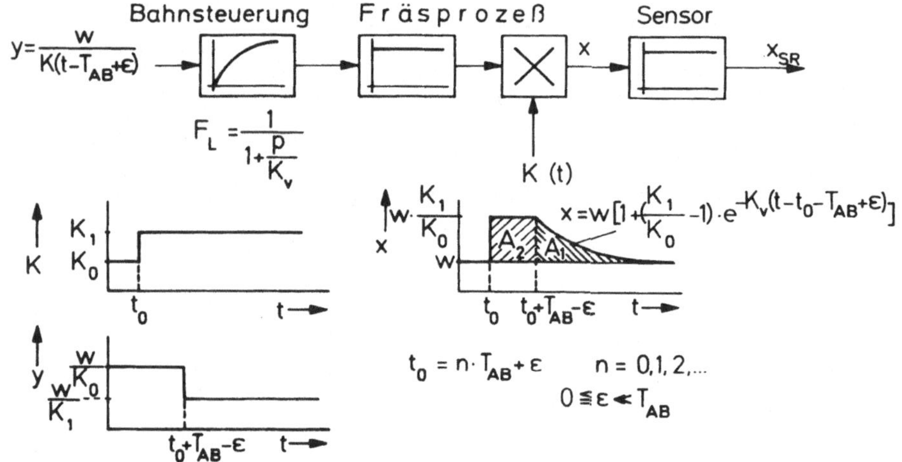

Bild 2/13: Abschätzung der Abtastperiode bei sprungförmiger Streckenstörung (Kompensationsstruktur als Steuerkette)

Vergleicht man die in diesem Abschnitt gewonnenen Werte für die Abtastperiode T_{AB} (8 ms bzw. 11 ms) mit den Werten für T_{AB} aus Bild 2/11, so entsprechen die hier gewonnenen Werte denen der 40 dB-Grenzfrequenz. Wie auch durch Versuche an der Regelstrecke bestätigt wurde, ergeben sich aus der (üblicherweise als Grenzfrequenz bezeichneten) 3 dB-Grenzfrequenz zu große Werte für T_{AB} (40 ms nach Bild 2/11).
Für Abschätzungen der Abtastperioden sollte daher für die beschriebene Regelstrecke nach Bild 2/3 die 40 dB-Grenzfrequenz herangezogen werden.

Zusammenfassung:

Die Abtastperiode begrenzt bei einer direkten digitalen Regelung die Laufzeit des Regelalgorithmus und bestimmt daher seinen Umfang und seine Komplexität. Bei der Entwicklung einer direkten digitalen Grenzregelung für die Fräsbearbeitung wurde daher in einem ersten Schritt ein Richtwert für die erforderliche Abtastperiode bestimmt und zwar unter den Gesichtspunkten Bandbreite und Systemstörverhalten.
Er liegt in der Größenordnung von T_{AB}=10 ms.

2.3.2 Entwurf geeigneter Regelalgorithmen für die Fräsbearbeitung mit ACC

Der Entwurf der Regelalgorithmen hat folgende Merkmale der Regelstrecke zu beachten:

1. Kleine Zeitkonstante der Regelstrecke (Abschn. 2.3.1)
2. Nichtlineares Streckenverhalten mit multiplikativ wirkenden Störungen (Streckenverstärkung)
3. Stark veränderliche Streckenverstärkung
4. Zeitlich veränderliche Regelgröße x(t) bei konstanter Stellgröße y(t), verursacht durch wechselnde Zahneingriffe (Abschn. 2.2.2).

Aus diesen Eigenschaften resultieren drei Forderungen an den Algorithmus (im folgenden Forderung 1, usw. genannt):

1. Reaktionsschnelles Ausregeln von Störungen
2. Adaption des Reglers an die Verstärkungsschwankungen
3. Ausgleich der Stellgrößenschwankungen, verursacht durch die Reglerreaktionen auf wechselnde Zahneingriffe.

Als Voraussetzung für die in Abschn. 3 behandelte Integration des ACC-Systems in den Steuerungsrechner einer CNC ergibt sich als weitere Forderung (Simultanarbeit von ACC- und CNC-Funktionen):

4. Kleine Laufzeit T_R des Regelalgorithmus.

Die im folgenden entwickelten Algorithmen gehen aus von linearen Algorithmen mit PI-Verhalten, deren Parameter durch Modifikation an die veränderliche Streckenverstärkung adaptiert werden. Dieser Weg führt zu nichtlinearen Rekursionsalgorithmen (Differenzengleichungen), welche die obengenannten Eigenschaften besitzen.

2.3.2.1 Lineare Regelalgorithmen

Lineare Regelalgorithmen lassen sich allgemein in der Form einer linearen Differenzengleichung /29/

$$y(n) = \sum_{i=0}^{\nu} d_i x_d(n-i) - \sum_{j=1}^{\mu} c_j y(n-j) \qquad (2.1)$$

angeben [1]. Der Gleichung zugrunde liegt die Regelkreisstruktur nach Bild 2/12 mit der Sensorzeitkonstante $T_{SR}=0$, d.h. $x_{SR,d} = x_d$ (Regeldifferenz).

Die Stellgröße y für den aktuellen Zeitpunkt $t=T_{AB}$ berechnet sich demnach aus der Regeldifferenz x_d zum selben Zeitpunkt, sowie aus den ν "früheren" Werten der Regeldifferenz und aus den μ"früheren" Werten der Stellgröße. Eine Gegenüberstellung der verschiedenen Algorithmen von der Form nach Gl. 2.1 wird in /14, 26, 39/ durchgeführt.

Unter Berücksichtigung der in Abschn. 2.3.2 genannten Forderungen sind Regelalgorithmen mit PI-Verhalten für Grenzregelungen geeignet. Ihre wesentlichste Eigenschaft ist die geringe Rechnerbelastung pro Abtastperiode (Forderung 4). Beispielsweise erfordert der in /14/ eingesetzte und in FORTRAN IV programmierte PID-Algorithmus eine Laufzeit von nur T_R=2ms (Bild 2/14).

Diskrete Regelalgorithmen mit PI-Verhalten lassen sich aus der Beschreibungsform des kontinuierlichen PI-Reglers gewinnen. Für den PI-Regler gilt:

$$y(t) = K_P \left[x_d(t) + \frac{1}{T_N} \int_0^t x_d(\tau) \, . \, d\tau \right] \qquad (2.2)$$

Durch Annäherung der Integration mit Hilfe numerischer Näherungsformeln /25/ (Rechteck-, Trapezapproximation,usw.) läßt sich aus der kontinuierlichen Darstellung von y(t) ein rekursiver Algorithmus finden. Seine einfachste Form ergibt

---

1) Folgende Funktionen sind identisch:

$$f(t) \Big|_{t=nT_{AB}} = f\,(nT_{AB}) = f_n = f(n)$$

sich, indem Gl. 2.2 differenziert wird und die entstehenden Differentialquotienten durch die entsprechenden Differenzenquotienten ersetzt werden.

Die dabei entstehende Differenzengleichung ist von erster Ordnung:

$$q(n) = d_0 r_d(n) + d_1 r_d(n-1) - c_1 q(n-1) \qquad (2.3)$$

mit: $d_0 = K_P(1 + T_{AB}/T_N)$, $d_1 = -K_P$, $c_1 = -1$

$q = y/w$, $r_d = x_d/w = 1 - r$, $r = x/w$

Algorithmus	Speicherplatz (16-bit-Worte)	Laufzeit T_R /ms	Abtastperiode T_{AB}/s	Belastung b_R /%	Programmiersprache
P I D	130	2	5	0,04	FORTRAN IV
P I D mit Strukturumschaltung	186	2	5	0,04	
Kaskade	230	3	5	0,06	BASIC
Kaskade mit Strukturumschaltung	295	3	5	0,06	
H P (halbproportional)	199	21	25	0,084	
deadbeat response	421	223	75	0,297	
Zustandsrückführung	354	142	5	2,84	
Kompensation	378	10	5	0,2	FORTRAN IV
adaptiver Algorithmus	852	438	4	10,95	BASIC

Bild 2/14: Laufzeit und Speicherplatzbedarf verschiedener DDC-Algorithmen mit dem HP 2100-A Prozeßrechner/14/

Für eine Regelstrecke mit konstanten Parametern lassen sich Werte für d_0 und d_1 finden, die ein (nach einem bestimmten Kriterium gewonnenes) optimales Regelverhalten gewährleisten /28/ . Weichen die Streckenparameter von den der Optimierung zugrunde gelegten Werten ab, wird das Regelverhalten entweder zu träge (bei abnehmender Streckenverstärkung) oder der Regelkreis wird instabil (bei zunehmender Streckenverstärkung).

2.3.2.2 Adaption der Reglerparameter an die Stellgröße

Wie aus Bild 2/5 und 2/6 zu entnehmen ist, besitzen die Störgrößen (z.B. Schnittiefe a) multiplikativen Einfluß auf die Streckenverstärkung K. Da die Störgrößen - Schnittiefe, Eingriffsgröße, Vorschubrichtungswinkel und spezifische Schnittkraft- während der Zerspanung einer Messung nicht zugänglich sind, gelingt es nicht über diese Größen, die Reglerparameter d_0 und d_1 (aus Gl.2.3) direkt zu adaptieren.

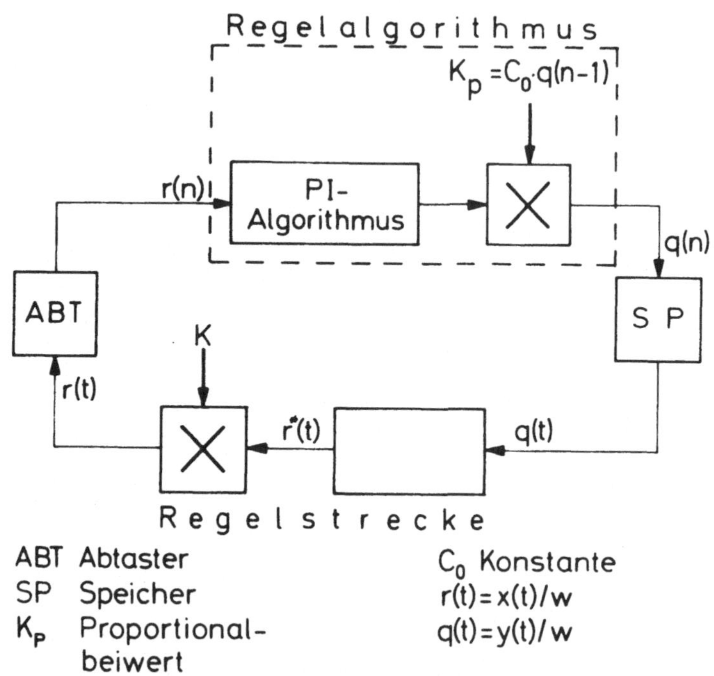

Bild 2/15: Adaption der Reglerverstärkung an die Stellgröße ($K_p(y)$-Adaption)

Kenntnisse über die Störgrößen können aber indirekt über die Beobachtung der Stellgröße q gewonnen werden. Verändert sich die Streckenverstärkung K zum "Zeitpunkt" n sprungartig von $K=K_0$ (mit $r(n-1)=1$, $q(n-1)=1/K_0$) auf $K=K_1$ (mit $r\ (n)=K_1/K_0$), so ergibt sich für die Stellgröße q(n) aus Gl.2.3:

$$q(n)=1/K_0+d_0(1-K_1/K_0)$$

Die Störung zeigt eine sofortige Wirkung auf die Regelgröße. Eine einfache Kopplung der Reglerverstärkung K_P an die Stellgröße gelingt durch die Beziehung (Bild 2/15):

$$K_P = C_0 q(n-1) \tag{2.4}$$

$$C_0 = \text{const.} > 0$$

Mit Gl. 2.4 und 2.3 errechnet sich der nichtlineare Rekursionsalgorithmus

$$q(n) = q(n-1)\left[1+C_0T_{AB}/T_N-C_0\,\alpha r(n) + C_0 r(n-1)\right] \tag{2.5}$$

$$\alpha = 1+T_{AB}/T_N$$

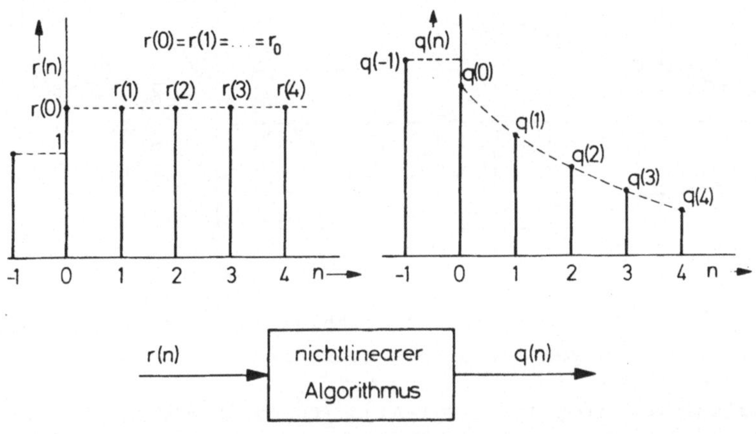

Bild 2/16: "Sprungantwort" zur Charakterisierung des nichtlinearen Regelalgorithmus nach Gl. 2.5

Um das dynamische Verhalten des nichtlinearen Algorithmus nach Gl. 2.5 zu charakterisieren, wird seine Antwort auf eine sprungförmige Streckenverstärkungsänderung (Bild 2/16) untersucht. Der Wert q(n) stellt sich als n-tes Glied einer arithmetischen (PI-Algorithmus) bzw. einer geometrischen Reihe ($K_P(y)$-Algorithmus) dar:

PI-Algorithmus

$$q(n)=q(0) + nK_P\beta T_{AB}/T_N$$

$$q(0)=1/K_0 + K_P\alpha\beta$$

$K_P(y)$-Algorithmus

$$q(n)=q(0)(1 + C_0\beta T_{AB}/T_N)^n \qquad (2.6)$$

$$q(0)=(1 + C_0\alpha\beta)/K_0$$

$$\alpha=1 + T_{AB}/T_N \; , \; \beta=1 - K_1/K_0$$

In Bild 2/17 ist der Verlauf von q(n) nach Gl.2.6 für sprunghafte Veränderungen der Streckenverstärkung sowie die Tangente im Punkt n=0 dargestellt.

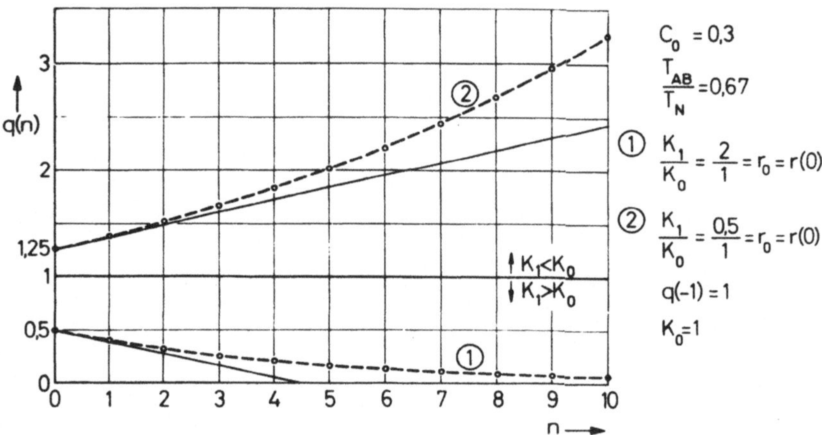

Bild 2/17: Antwort des $K_P(y)$-Algorithmus auf sprungartige Veränderungen der Streckenverstärkung (vergl.Bild 2/16)

Der Verlauf von q(n) des $K_P(y)$-Algorithmus ähnelt der Sprungantwort des PI-Algorithmus mit proportional und integral wirkenden Anteilen. Während beim PI-Algorithmus P- und I-Anteile unabhängig von dem Stellgrößenwert q(-1) vor der Störung sind, werden beide Anteile im $K_P(y)$-Algorithmus mit q(-1) gewichtet. Die Reaktionen des $K_P(y)$-Algorithmus sind dadurch an die Verstärkungswerte der Regelstrecke angepaßt.

Ist q(n)=0, so folgt aus Gl.2.5:

$$q(n+1)=0 \quad \text{für} \quad n=0,\ 1,\ \ldots$$

Der Algorithmus regelt in diesem Fall die Regelgröße nicht auf den Sollwert, sondern bringt das System "zur Ruhe". Dieser unerwünschten Eigenschaft des $K_p(y)$-Algorithmus wird jedoch durch zwei Maßnahmen begegnet. Einmal wird vor Beginn des Regelvorgangs die Stellgröße mit dem kleinsten (positiven) darstellbaren Wert (Minimalwert) vorbesetzt. Dadurch wird ein "Anlaufen" des Regelvorgangs ermöglicht. Zum anderen wird während des Regelvorgangs durch die im System vorhandene untere Begrenzung der Stellgröße q auf $q_{min} > 0$ dieser Effekt vermieden. Entsprechendes gilt für den in den nächsten Abschnitten dargestellten Kompensationsalgorithmus.

2.3.2.3 Kompensation der Streckenverstärkung

Die Struktur des $K_p(y)$-Algorithmus nach Gl.2.5 ist gekennzeichnet durch die multiplikative Verknüpfung der Funktionen $G=q(n-1)$ (künftig Kompensationsalgorithmus genannt) und $R=R(r(n), r(n-1))$. Kennzeichend für R ist, daß R im stationären Zustand den Wert

$$R(r(n), r(n-1)) = 1 \qquad (2.8)$$

für $r(n)=r(n-1)=1$ annimmt.
Mit der Beziehung Gl. 2.8 erhält man für die Stellgröße im stationären Zustand (Bild 2/18):

$$q(n) = q(n-1) = \text{const.}$$

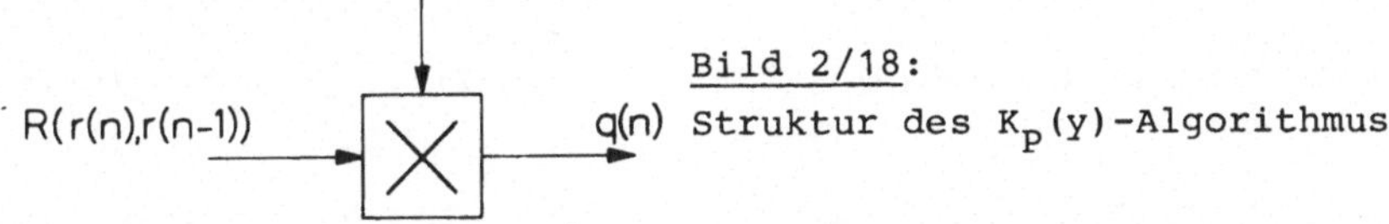

Bild 2/18:
Struktur des $K_p(y)$-Algorithmus

Wird die Struktur nach Bild 2/18 beibehalten und setzt man $R=1/r(n)$ und $G=q(n-1)$, so ergibt sich ein recht einfacher Algorithmus von der Form:

$$q(n) = q(n-1)/r(n) \qquad (2.9)$$

Dieser Algorithmus besitzt folgende (als Regler im Regelkreis nach Bild 2/15) bemerkenswerte Eigenschaft: Als Reaktion auf einen Verstärkungssprung von $K(-1)=K_0$ (mit $q(-1)=1/K_0$ und $r(-1)=1$) auf $K(0)=K_1$ (mit $r(0)=K_1/K_0$) nimmt die Stellgröße q im auf die Störung folgenden Abtastzeitpunkt den Wert $q(0)=1/K_1$ an. Die Stellgröße q(0) ist demnach identisch mit dem Wert, der sich nach Abklingen der Ausgleichsvorgänge im Regelkreis einstellt.

Für den Regelalgorithmus nach Gl.2.9 ist diese Übereinstimmung aber nur für diesen einen Abtastzeitpunkt und nicht während des weiteren Verlaufs des Regelvorganges gültig. Es ist daher ein Algorithmus zu entwerfen, der den folgenden Verlauf der Stellgröße besitzt (Entwurfsvorschrift):

$$q(n) = 1/K(n) \tag{2.10}$$

Mit dieser Vorschrift wird erreicht:

- Umwandlung des Regelkreises in eine Steuerkette entsprechend in /23/ (<u>Bild 2/20</u>) und dadurch
- Stabilität des Regelkreises bei stabilem Übertragungsverhalten der Regelstrecke (Forderung 2 aus Abschn. 2.3.2)
- reaktionsschnelles Ausregeln von Störungen (Forderung 1 aus Abschn. 2.3.2).

Werden die Systemgrößen nur zu den Abtastzeitpunkten $t=nT_{AB}$ betrachtet, so bestimmt sich die Regelgröße r(n) (Bild 2/15) zu (Regelstrecke wird als nicht sprungfähig angenommen):

$$r(n) = K(n)r^*(n) = K(n)\ \Phi(r^*(n-1),r^*(n-2),\ldots,q(n-1),q(n-2),\ldots) \tag{2.11}$$

Der Algorithmus des Reglers soll nun so beschaffen sein, daß sämtliche r(n)-Werte nach Gl.2.11 so kompensiert werden, daß die Stellgröße $q(n)=1/K(n)$ wird.

Wird an der Struktur nach Bild 2/18 mit $R=1/r(n)$ festgehalten, erhält man für die Funktion G unter der Berücksichtigung der

Entwurfsvorschrift nach Gl.2/10:

$$G = \Phi(r^*(n-1), r^*(n-2), \ldots, q(n-1), q(n-2), \ldots) \quad (2.12)$$

Die Funktion G ist identisch mit der Regelgröße vor der Verstärkungsangriffsstelle (Bild 2/15). Ist daher die Funktion Φ aus Gl.2.11 bekannt (mathematische Beschreibung der Streckendynamik, so kann ein Regelalgorithmus entworfen werden, welcher der Entwurfsvorschrift nach Gl. 2.10 genügt.

Die Erzeugung der Kompensationsfunktion G kann durch die Rückkopplung des Streckenmodells (wie in /23/ für analoge Regelkreise entwickelt) verstanden werden. Für kontinuierliche Systeme ergibt sich das in Bild 2/19 dargestellte Regelsystem mit Modellrückkopplung.

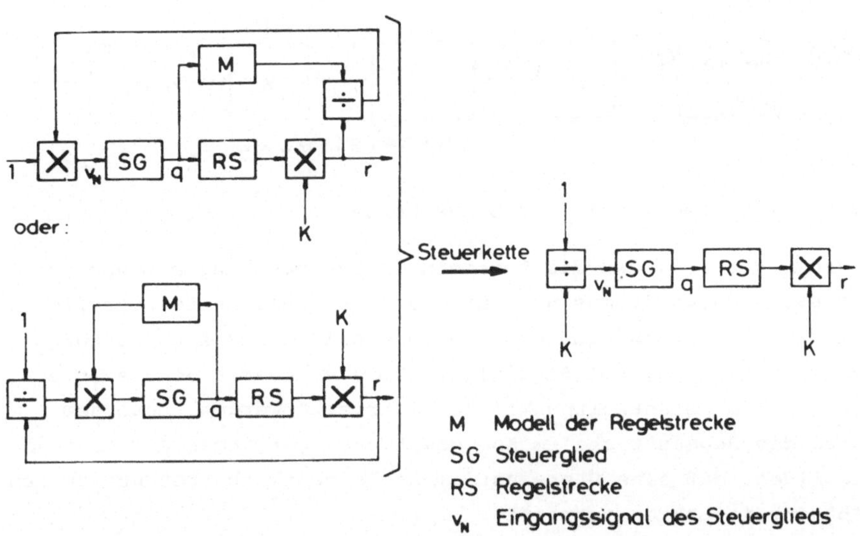

Bild 2/19: Regelsystem mit Modellrückkopplung für variable Streckenverstärkung als Steuerkette und als System mit Regler und Strecke /23/

Dem Steuerglied SG in Bild 2/19 entspricht im diskreten Fall ein Steueralgorithmus:

$$q(n) = N(q(n-1),\ q(n-2), \ldots, v_N(n),\ v_N(n-1), \ldots)$$

Durch das Einfügen eines Steueralgorithmus und der Wahl der Kompensationsfunktion G nach Gl.2.12 wird die Eingangsgröße $v_N(n)$ des Steueralgorithmus zu $v_N(n)=1/K(n)$. Die Kompensationswirkung von G wirkt sich in diesem Fall auf $v_N(n)$ aus.

Durch den entsprechenden Entwurf des Steueralgorithmus kann ein gewünschtes Verhalten der Stellgröße q oder der Regelgröße r erreicht werden. Dieser Entwurf kann in einfacher Weise an der Steuerkette nach Bild 2/20 durchgeführt werden.

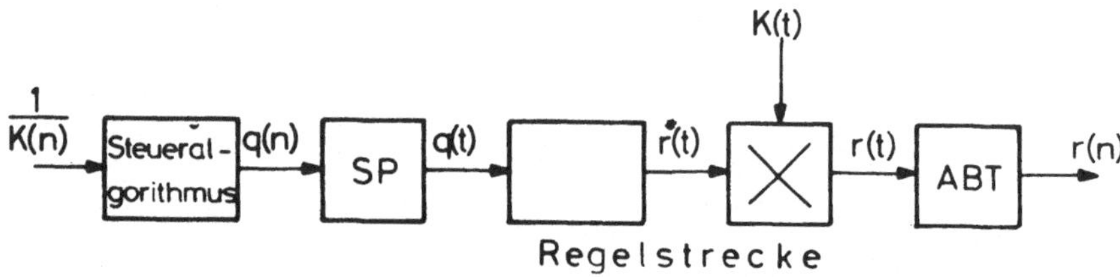

Bild 2/20: Regelkreis als Steuerkette

Anzumerken ist, daß die Aussagen im Zusammenhang mit dem Kompensationsalgorithmus nur für die Abtastzeitpunkte zutreffen, da Verstärkungsänderungen, die innerhalb eines Abtastintervalls auftreten, vom Regelalgorithmus erst am Ende des Intervalls (zum Abtastzeitpunkt) "registriert" werden. Außerdem wird die Regelstrecke im Kompensationsalgorithmus nur so nachgebildet, daß eine Übereinstimmung beider Verhalten nur zu den Abtastzeitpunkten zutrifft.

2.3.2.4 Kompensation bei angenähertem Streckenverhalten

Die Forderung q=1/K(n) nach Gl.2.10 kann nur dann exakt erfüllt werden, wenn in der Kompensationsfunktion G das Übertragungsverhalten der Regelstrecke identisch nachgebildet wird. Für Strecken mit rechenintensiven Übertragungsfunktionen (z.B. Verzögerungsglieder höherer Ordnung) führt daher die Nachbildung zu einem aufwendigen Algorithmus mit einer entsprechend großen Programmlaufzeit.

Für die Regelstrecke nach Bild 2/6, bestehend aus Bahnsteuerung, Fräsprozeß und Schnittmoment-Sensor, ergibt sich ein Rekursionsalgorithmus 5. Ordnung. Um nun die in Abschn.2.3.2 geforderte geringe Rechnerbelastung zu erreichen, wird die Dynamik der Regelstrecke durch das Übertragungsverhalten von Verzögerungsgliedern niederer Ordnung (PT_1-, PT_2-Verhalten) angenähert.

Wie sich zeigen wird, gelingt es trotz dieser Annäherung durch die Anpassung der Koeffizienten des Regelalgorithmus an das Zeitverhalten der Regelstrecke ein befriedigendes Regelverhalten zu erreichen.
Bildet die Kompensationsfunktion G ein lineares, nicht sprungfähiges Übertragungsverhalten ohne Totzeit nach, so erhält man nach Bild 2/18 mit G(n)=q(n)r(n), G(n-1)=q(n-1)r(n-1), usw. und R=1/r(n):

$$q(n) = \left[\sum_{i=1}^{m} a_i r(n-i) q(n-i) + \sum_{j=1}^{m} b_j q(n-j) \right] / r(n) \qquad (2.13)$$

Die Annäherung durch PT_1- bzw. PT_2-Verhalten ergibt sich für die Ordnung m=1 bzw. m=2. Löst man die Differentialgleichungen für ein PT_1- bzw. PT_2-Glied für ein stufenförmiges Eingangssignal und betrachtet die entstehende Lösung zu den Abtastzeitpunkten $t=nT_{AB}$, so stellt sich damit das Übertragungsverhalten der genannten Glieder als Differenzengleichung dar. Die Koeffizienten a_1, a_2, b_1, b_2 sind in der Tabelle von Bild 2/21 dargestellt.

	PT1-Glied	PT2-Glied
a_1	e^{-T_{AB}/T_1}	$2 \cdot e^b \cdot \cos b$
a_2	0	$-e^{2b}$
b_1	$1-e^{-T_{AB}/T_1}$	$1+e^b \cdot (\sin b - \cos b)$
b_2	0	$e^b \cdot (e^b - \sin b - \cos b)$
	T_1 Zeitkonstante	$b = -T_{AB} \cdot \omega_{02}/\sqrt{2}$ ω_{02} Kennkreisfrequenz $D = 1/\sqrt{2}$

Bild 2/21: Koeffizienten der Regelalgorithmen bei Annäherung der Regelstrecke durch PT_1-bzw. PT_2-Verhalten

Als Folge der Annäherung ist der Verlauf der Stellgröße q(n) bzw. $v_N(n)$ nicht mehr identisch mit dem Verlauf von 1/K(n).

Je nach dem Unterschied zwischen tatsächlicher und angenäherter Streckendynamik weicht der Verlauf von q(n) bzw. $v_N(n)$ vom "Sollverlauf" 1/K(n) ab.

In Bild 2/22 ist das Einschwingverhalten der Regelgröße r(n) und der Stellgröße q(n) nach einem Störungssprung dargestellt. Die Regelstrecke wird in diesem Beispiel als PT_1-Glied mit fester Zeitkonstante T=33 ms angenähert. Diesem Zahlenwert wurde das in Bild 2/12 dargestellte Zeitverhalten der Bahnsteuerung (PT_1-Verhalten, K_V=1/T=30 s^{-1}) zugrunde gelegt. Innerhalb des Regelalgorithmus wird die Strecke ebenfalls als PT_1-Glied angenommen, aber mit veränderlicher Zeitkonstante T_1.

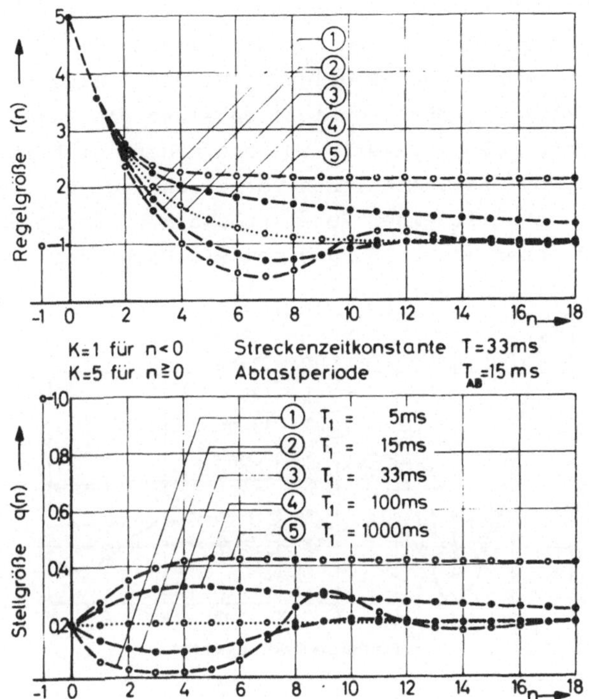

Bild 2/22: Regelverhalten bei unterschiedlichen Zeitkonstanten der Strecke (PT_1-Verhalten, Zeitkonstante T) und ihrer Nachbildung (PT_1-Verhalten, Zeitkonstante T_1) (Steueralgorithmus $v_N(n)=q(n)$)

Aus Bild 2/22 sind charakteristische Verläufe der Regel- und Stellgröße zu entnehmen. Für $T_1 > T$ geht r(n), ohne unter den Sollwert zu schwingen, asymptotisch gegen den Sollwert.

Die Stellgröße q(n) springt für n=1 auf q(1)=K(1)=1/5, wächst bis zu einem Maximum an und sinkt dann auf den Endwert q=1/5 ab.
Für $T_1 < T$ ergibt sich für r(n) ein gedämpftes Einschwingen auf den Sollwert.

In Bild 2/23 wird das Regelverhalten bei der Annäherung einer Regelstrecke 2. Ordnung durch PT_1-Verhalten gezeigt. Das charakteristische Verhalten aus Bild 2/22 wiederholt sich. Kleinere Zeitkonstanten der Nachbildung führen zu gedämpften Schwingungen der Regelgröße um den Sollwert. Bei wachsenden Zeitkonstanten schließlich sinkt die Regelgröße nicht mehr unter den Sollwert, sondern nähert sich ihm asymptotisch von oben. Ähnliches Verhalten ergibt sich auch bei den Versuchen mit einer Regelstrecke 5. Ordnung nach Bild 2/6 und ihrer Nachbildung durch PT_1-Verhalten.

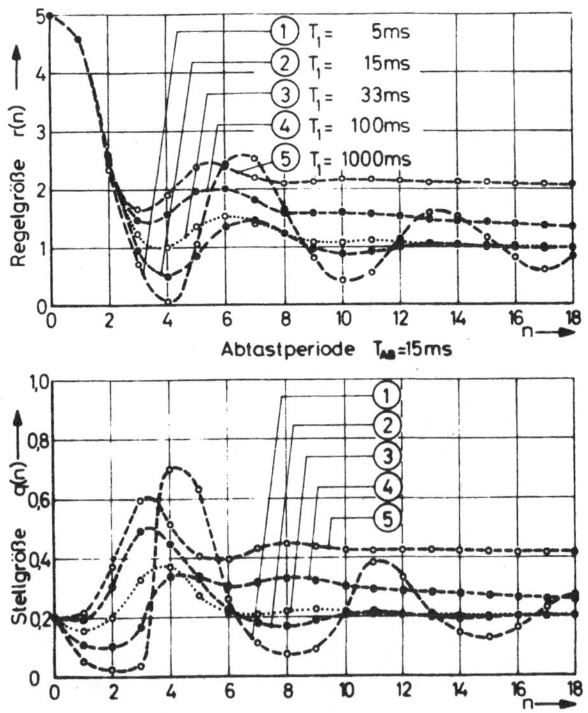

Bild 2/23: Regelverhalten bei vereinfachter Streckennachbildung (Strecke PT_2-, Nachbildung PT_1-Verhalten) (Steueralgorithmus $v_N(n)=q(n)$)

Falls die Regelstrecke und ihre Nachbildung im Regelalgorithmus dasselbe dynamische Verhalten besitzen, kann die Anpassung des Algorithmus an Parameteränderungen der Strecke recht einfach erfolgen. Verändert sich z.B. die Kennkreisfrequenz ω_{0F} des Fräsprozesses (s.Abschn.2.2.2), so gilt es, die entsprechenden Koeffizienten $a_i(\omega_{0F})$ und $b_j(\omega_{0F})$ im Regelalgorithmus abzuändern. Der Zusammenhang zwischen den Koeffizienten a_i, b_j und der Kennkreisfrequenz ω_{0F} ergibt sich aus dem Ansatz von G gemäß Gl. 2.12.

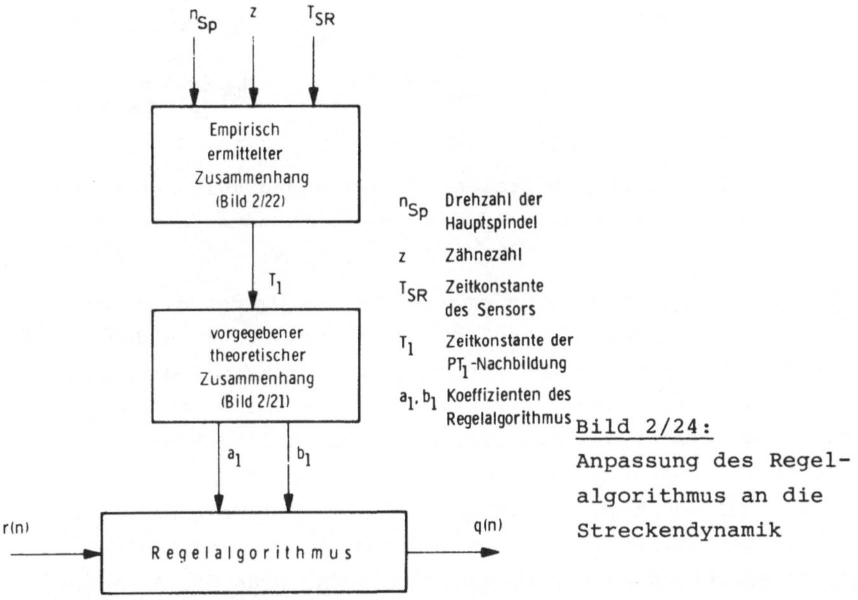

Bild 2/24: Anpassung des Regelalgorithmus an die Streckendynamik

Mit der Annäherung der Regelstrecke durch einfache Übertragungsfunktionen geht dieser unmittelbare Zusammenhang verloren. An seine Stelle tritt eine empirisch ermittelte Abhängigkeit zwischen den sich von Bearbeitungsfall zu Bearbeitungsfall ändernden Streckenparameter n_{Sp}, z, T_{SR} und den Parametern der Übertragungsfunktion, die die Strecke ersetzt.

In Bild 2/24 wird die Anpassung für eine Streckennachbildung durch PT_1-Verhalten gezeigt.

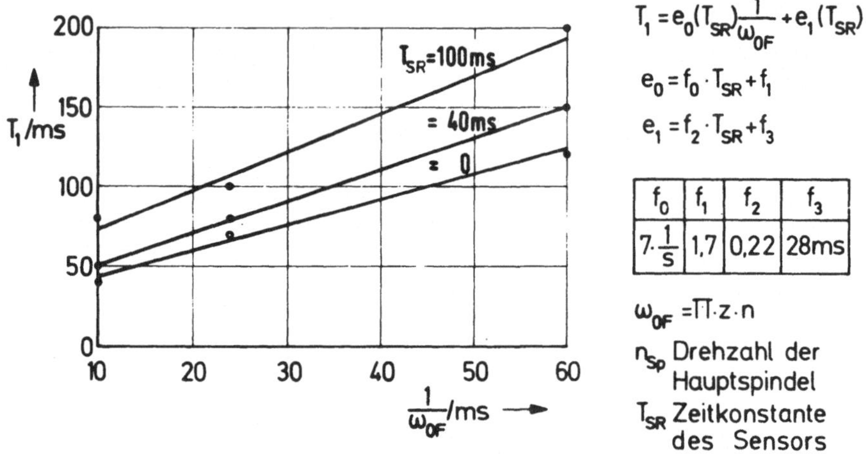

Bild 2/25: Empirisch ermittelter Zusammenhang zwischen Kennkreisfrequenz ω_{0F} und der Zeitkonstante T_1

Der in Bild 2/25 angegebene empirische Zusammenhang zwischen n_{Sp}, z und T_{SR} einerseits und der Zeitkonstante T_1 andererseits ist ein Ergebnis von Versuchen am Hardware-Modell der Regelstrecke (s. Abschn. 2.2.2). Die Werte von T_1 wurden dabei so bestimmt, daß die Regelgröße den Sollwert zeitoptimal erreicht (1. Unterschwingen unter den Sollwert nach einem Störungssprung) und kein zu großes (10% vom Sollwert) Überschwingen über den Sollwert in ihrem weiteren Verlauf auftritt.
Ganz entsprechend kann vorgegangen werden, wenn die Strecke durch eine andere Übertragungsfunktion angenähert werden soll. Dabei lassen sich im Rechner auch nichtlineare Zusammenhänge problemlos nachbilden.
Der Rechenlauf für die Anpassung wird nur einmal zu Beginn des Fräsvorgangs durchgeführt und stellt daher keine Rechnerbelastung während des Zerspanvorgangs dar.

Durch die Anpassung der Algorithmuskoeffizienten ist es ausreichend, die Regelstrecke durch PT_1-Verhalten im Kompensationsalgorithmus anzunähern. Dieser Algorithmus wird deshalb in direkten digitalen Grenzregelungen vorgeschlagen und in der in Abschn. 4 entwickelten Anlage eingesetzt.

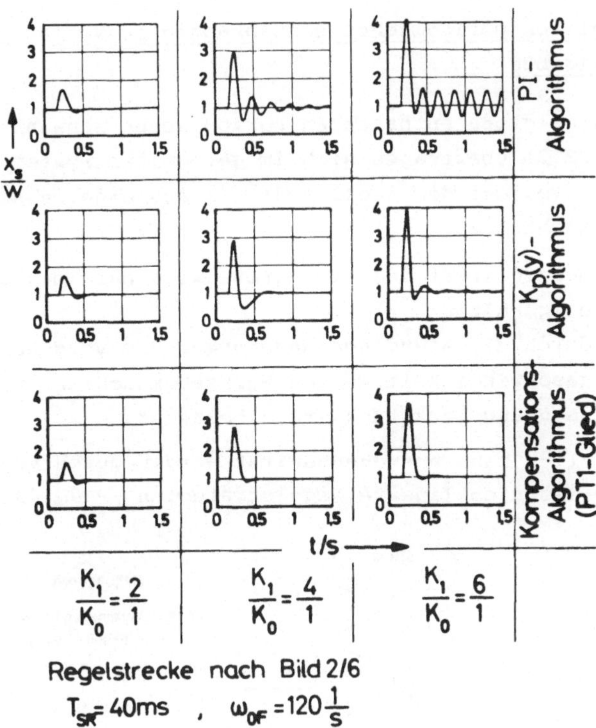

Bild 2/26: Einfluß verschiedener Regelalgorithmen auf das Regelverhalten bei sprungförmiger Änderung der Streckenverstärkung K

In Bild 2/26 wird der Einfluß auf das Regelverhalten von PI-, $K_p(y)$- und Kompensationsalgorithmus bei sprungförmiger Änderung der Streckenverstärkung am Hardware-Modell der Regelstrecke gezeigt. Den Verstärkungssprung von $K_0=1$ auf $K_1=2$ regeln alle drei Algorithmen gleich (gut) aus. Beim Sprung $K_0=1$ auf $K_1=6$ wird der Regelkreis mit PI-Algorithmus zu Dauerschwingungen angeregt.

Die beste Adaptionseigenschaft bei Verstärkungsschwankungen weist der Kompensationsalgorithmus auf.

2.3.2.5 Ausgleich periodischer Schwankungen im Verlauf der Stellgröße

Die in der Regelgröße enthaltenen periodischen Schwankungen (s.Abschn. 2.2.2) übertragen sich im geregelten System ebenfalls auf den Verlauf der Stellgröße. Daraus ergeben sich zwei wesentliche Nachteile:

- der Sollwert der Regelgröße wird nur im Mittel eingehalten
- durch die ständigen Änderungen der Vorschubgeschwindigkeit werden Werkzeugmaschine, Werkzeug und Werkstück stark belastet.

Diesen Nachteilen kann entgegengewirkt werden durch verschiedene, meist nichtlineare Regelstrategien / 17, 19, 24/.

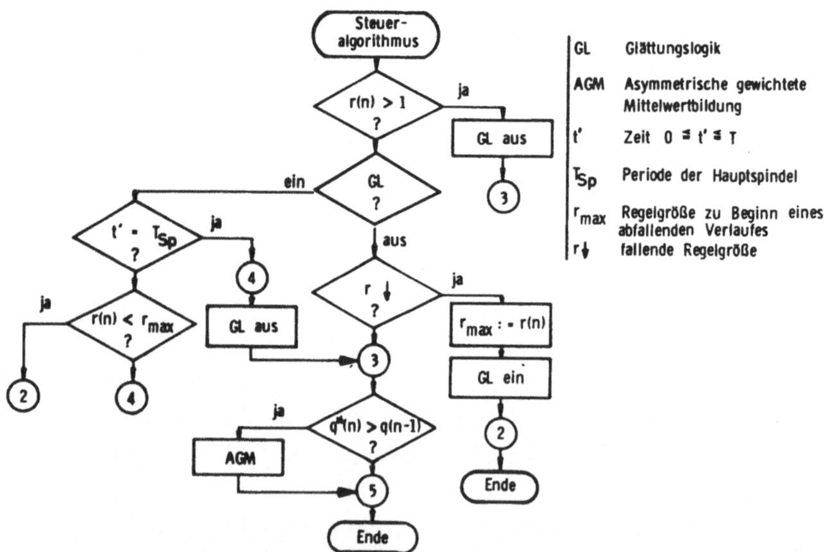

Bild 2/27: Ablaufdiagramm für den Steueralgorithmus mit Glättungslogik und asymmetrischer, gewichteter Mittelwertbildung

Die wesentlichste Eigenschaft dieser Strategien liegt in der Glättung der Stellgröße <u>ohne</u> verzögernde Wirkung bei über den Sollwert ansteigender Regelgröße.

Um die oben genannten negativen Einflüsse auf das Regelverhalten zu vermeiden, wird eine "Glättungslogik" entwickelt (Ablauf ist in <u>Bild 2/27</u> dargestellt) mit den folgenden Eigenschaften:

- bei konstanter Streckenverstärkung K bleibt die Stellgröße trotz schwankender Regelgröße (Abschn. 2.2.2) konstant
- bei konstanter Streckenverstärkung K wird der Sollwert nicht überschritten
- treten Änderungen der Streckenverstärkung (Störungen) auf, die eine Zunahme der Regelgröße zur Folge haben, reagiert die Regelung unverzüglich (d.h. zum nächsten Abtastzeitpunkt).

Die Wirkungsweise der Glättungslogik kann wie folgt beschrieben werden:

1. Innerhalb einer Speicherzeit T_{Sp} (Glättungsperiode, diese Periode ist im Verlauf der Regelgröße dominierend) wird für den maximalen Wert von r die Stellgröße berechnet.
2. Verläuft die Regelgröße r während der Glättungsperiode unterhalb von diesem Maximalwert, wird die nächste Stellgröße erst am Ende der Glättungsperiode berechnet.
3. Überschreitet die Regelgröße (durch Störungen bedingt) <u>innerhalb</u> der Glättungsperiode den Sollwert wird die Wirkung der Glättungslogik ausgeschaltet und die Stellgröße zu jedem Abtastzeitpunkt bestimmt.

In <u>Bild 2/28</u> wird der Verlauf der Regelgröße r(t) und der Stellgröße q(t) mit und ohne Glättungslogik gezeigt. Die periodischen Schwankungen der Regelgröße erfolgen mit der Periode T_{Sp} der Hauptspindel.

Die Glättungslogik kann in ihrer Wirkungsweise mit der z.B. in /24/. beschriebenen Maximalwertspeicherung verglichen werden.

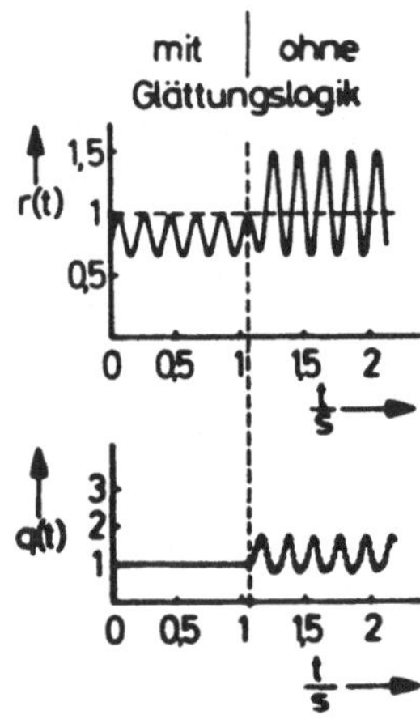

Bild 2/28:
Regel- und Stellgröße mit und ohne Glättungslogik

Liegt der Wirkungsort dieses Maximalwertspeicherglieds direkt hinter der Regelstrecke (wie bei dem in /11/ beschriebenen analog aufgebauten ACC-System), so muß seine Wirkungsweise im Modell der Regelstrecke bzw. im Kompensationsalgorithmus Berücksichtigung finden. Diese Notwendigkeit der Berücksichtigung wird im hier dargestellten Fall umgangen, indem der Wirkungsort der Glättungslogik in den Steueralgorithmus verlagert wird.

Zusätzlich zu den oben genannten Wirkungen auf den Verlauf der Regel- und Stellgröße, verringert sich durch die Glättungslogik die zeitliche Belastung des Prozeßrechners. Ist die Glättungslogik wirksam und verläuft die aktuelle Regelgröße r(n) unter dem zu Beginn der Glättungsperiode T_{Sp} abgespeicherten Wert, so reduziert sich die Programmlaufzeit beträchtlich (s.Abschn. 2.3.3). Der Ablauf des Regelprogramms beschränkt sich in diesem Fall im wesentlichen auf Abfragen über Grenzwertverletzungen der aktuellen Regelgröße. Der eigentliche Regelalgorithmus wird nicht durchlaufen, d.h.

es wird keine aktuelle Stellgröße berechnet und ausgegeben. Es wirkt weiterhin <u>die</u> Stellgröße auf den Prozeß ein, die vor der Aktivierung der Glättungslogik am Ausgang des DAU anstand.

Im regelungstechnischen Sinn stellt die Arbeitsweise des hier beschriebenen Regelsystems eine direkte digitale Regelung mit signalabhängiger Abtastperiode bezüglich der ausgegebenen Stellgröße dar.

Der ruhige Verlauf der Stellgröße ist mit der Glättungslogik <u>dann</u> gewährleistet, wenn am Ende der Glättungsperiode T_{Sp} der Regelgrößenwert mit dem zu Beginn der Periode abgespeicherten Wert (nahezu) übereinstimmt. Treten zu diesem Zeitpunkt Abweichungen (durch Störungen bedingt) zwischen diesen beiden Regelgrößenwerten auf, wird eine (je nach Abweichung) Regeldifferenz bestimmt, die sich im Verlauf der Stellgröße auswirkt.
Dieser Nachteil der Glättungslogik kann durch einen Dämpfungsalgorithmus (gewichtete Mittelwertbildung) für die Stellgröße ausgeglichen werden.
Diese Mittelwertbildung ist nur bei zunehmendem Stellgrößenverlauf wirksam (asymmetrische, gewichtete Mittelwertbildung, AGM). Durch diese hier eingeführte Maßnahme tritt <u>kein</u> Verlust der Reglerdynamik bei zunehmender Streckenverstärkung auf, die für den Zerspanprozeß gefährlich werden könnte.
Die AGM läßt sich durch einen einfachen, den Rechner wenig belastenden, linearen Rekursionsalgorithmus darstellen:

$$q(n) = \frac{(2^{d_{ex}}-1)\,q(n-1) + q^*(n)}{2^{d_{ex}}} \qquad \text{für } q^*(n) > q(n-1)$$

$$q(n) = q^*(n) \qquad \text{für } q^*(n) \leq q(n-1)$$

$d_{ex} = 0, 1, \ldots$

$q(n)$ gewichtete Stellgröße
$q^*(n)$ ungewichtete Stellgröße

Für d_{ex}=1 und q*(n)>q(n-1) ergibt sich der arithmetische Mittelwert zwischen q(n-1) und q*(n).

In Bild 2/29 ist der beruhigende Einfluß der AGM für verschiedene Grade der Gewichtung d_{ex} aufgezeigt.

Ein glättender Einfluß auf die Regel- und Stellgröße wird auch durch die AGM ohne Glättungslogik erzielt. In /23/ wird z.B. ein Verzögerungsglied mit unterschiedlicher, steuerbarer Zeitkonstante zur Glättung eingesetzt. Dieses Glied besitzt ähnliche Eigenschaften wie die AGM.

Der entscheidende Vorteil der Glättungslogik gegenüber dem alleinigen Einsatz der AGM liegt in der geringen zeitlichen Belastung des Rechners durch die Glättungslogik.

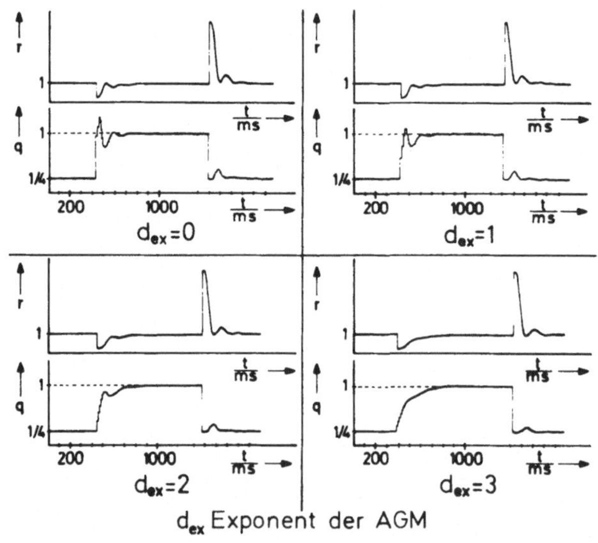

Bild 2/29: Einfluß der asymmetrischen, gewichteten Mittelwertbildung (AGM) auf das Regelverhalten bei sprungförmiger Änderung der Streckenverstärkung K

Zusammenfassung:

Bei der Entwicklung von Regelalgorithmen für die Fräsbearbeitung müssen deren Besonderheiten wie nichtlineares Streckenverhalten, stark schwankende, multiplikativ einwirkende Störungen (z.B. Eingriffsgröße, Schnittiefe), periodische Stellgrößenschwingungen beachtet werden. Für diesen Einsatzfall wurde ein Kompensationsalgorithmus mit Glättungslogik und asymmetrischer, gewichteter Mittelwertbildung entwickelt.
Dieser Algorithmus adaptiert sich durch seine nichtlineare Struktur an die starken Schwankungen der Streckenparameter und zeichnet sich durch seine extrem stabilisierende Wirkung auf das Regelverhalten im Grenzregelkreis aus.

Zwei zusätzlich entwickelte Modifikationen (Glättungslogik und asymmetrische, gewichtete Mittelwertbildung) führen trotz der schwankenden Regelgröße Schnittmoment (verursacht durch die Zahneingriffsstöße und Unsymmetrien am Werkzeug und in der Momentenmeßeinrichtung) zu einem ruhigen Stellgrößenverlauf und dadurch zu einer geringen Belastung von Werkzeugmaschine, Werkzeug und Werkstück.

Der Einsatz des hier entwickelten Kompensationsalgorithmus ist nicht nur für den Fall der Fräsbearbeitung möglich, sondern er kann auch vorteilhaft bei anderen Regelstrecken mit der Struktur nach Bild 2/15 (z.B. Drehbearbeitung) Anwendung finden.

2.3.3 Organisationsstruktur, Interruptverarbeitung und Programmlaufzeiten im Prozeßrechner

In DDC-Systemen mit großen Abtastperioden (>1s) ist die Leistungsfähigkeit der Regelung weitgehend bestimmt durch die des Regelalgorithmus. Eigenschaften des Prozeßrechners treten in den Hintergrund. Der Entwurf des Regelalgorithmus wird nach regelungstechnischen Gesichtspunkten, wie z.B. die Frage nach der Stabilität oder nach dem optimalen Verhalten der Regelgröße, durchgeführt. Für Regelsysteme mit kleiner Abtastperiode

(Fräsprozeß, rd. 10ms) treten dagegen Aspekte wie Programmorganisation, Interruptverarbeitung (z.B. Reaktion auf Anschnitt) und Arithmetik (mit ihrem Einfluß auf die Programmlaufzeit) mit in den Vordergrund.
Für die Beurteilung der Realisierungsmöglichkeit einer direkten digitalen Grenzregelung für die Fräsbearbeitung sind daher die Antworten auf folgende Fragen von Bedeutung:

1. Sind die Reaktionszeiten eines Prozeßrechners ausreichend um den Anschnittvorgang zu beherrschen ? (Abschn. 2.3.3.1)
2. Wie groß sind die Laufzeiten von Algorithmen für die Grenzregelung, insbesondere wie groß ist die Laufzeit des in Abschn. 2.3.2 entwickelten Kompensationsalgorithmus im Verhältnis zu der geforderten Abtastzeit von rd. 10 ms ?
   Diese Frage ist interessant im Hinblick auf die Integration eines Grenzregelsystems in einen bereits an einer Werkzeugmaschine verfügbaren Prozeßrechner (z.B. Steuerungsrechner einer CNC).
   (Abschn. 2.3.3.2)
3. Welche arithmetischen Voraussetzungen sollte ein für eine Grenzregelung eingesetzter Prozeßrechner besitzen ? Diese Frage steht in engem Zusammenhang mit der Frage 2.
   (Abschn. 2.3.3.3)

In Bild 2/30 ist ein prioritätsgesteuertes Interruptsystem vereinfacht dargestellt.

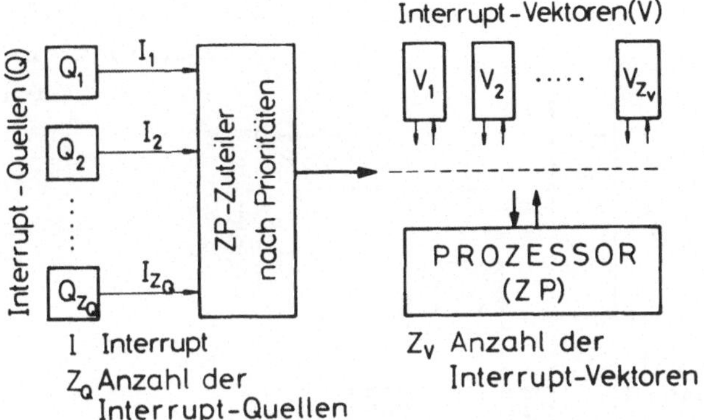

Bild 2/30: Prioritätsgesteuertes Interruptsystem

Jedem Interrupt (oder jeder aus einer Anzahl von Interrupts bestehenden Gruppe) ist eine Zahl zugeordnet, die die Wichtigkeit (Priorität) für die Bearbeitung durch den Prozessor (ZP) angibt. Der Interrupt mit höchster Priorität (meist kleinste Zahl) ist der wichtigste. Der Entstehungsort des Interrupts (Interrupt-Quelle) liegt entweder im Prozeß (externer Interrupt) oder im Prozeßrechner selbst (interner Interrupt). Jeder Priorität ist ein eigenes Interruptverarbeitungsprogramm zugeordnet (Prioritätsebene). Die Zuteilung des Prozessors erfolgt im ZP-Zuteiler auf Grund der Priorität des eintreffenden Interrupts über Interruptvektoren. Jeder Vektor enthält Informationen über "sein" Interruptverarbeitungsprogramm wie z.B. die Programm-Startadresse.

Die Zuteilung des Prozessors und die Unterbrechnung eines laufenden Programms wird meist durch festverdrahtete Hardware-Funktionen durchgeführt. Die zeitliche Belastung des Prozessors durch diese Hardware-Funktionen liegt im Bereich von 2µs bis 20 µs (Bild 2/31 und 2/32).

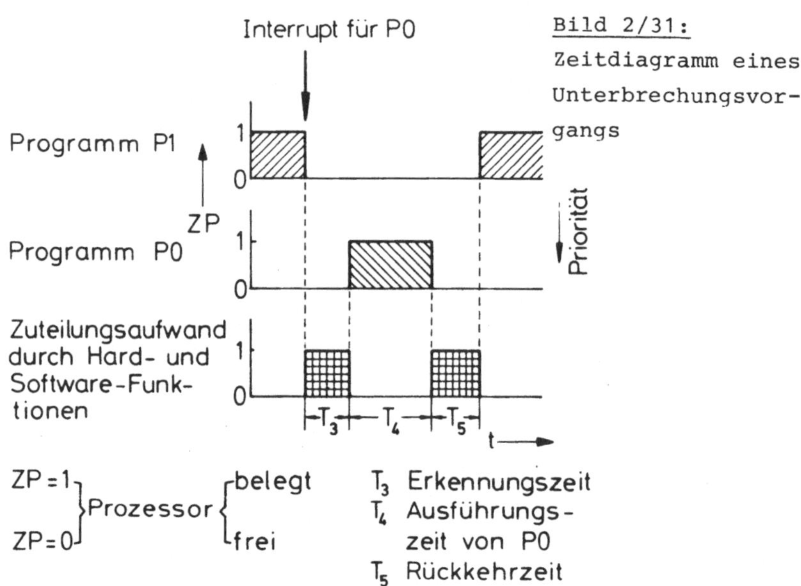

Bild 2/31: Zeitdiagramm eines Unterbrechungsvorgangs

System-Struktur	Zuteilungsaufwand/ μs ($T_3 + T_5$)	Belastung/% (T_{AB} = 15ms)
Hardware	2	0,013
Multiple Load/Store	20	0,13
Multiprogramming (Vordergrund-Hintergrund-Systeme)	50...200	0,33...1,33
Komfortable Task-Systeme	200...500	1,33...3,33

Bild 2/32: Systembelastung durch Interruptsignalbehandlung bei verschiedenen Systemstrukturen /31/

Die Programme eines Prozeßrechnerbenutzers (Anwenderprogramme) befinden sich üblicherweise nicht an dieser hardwarenahen Schnittstelle, sondern werden über ein Betriebssystem verwaltet. Diese Verwaltung bietet dem Anwender einerseits den Komfort des Betriebssystems, vergrößert aber andererseits die zeitliche Belastung des Rechners durch die Übernahme eigener Zuteilungsaufgaben (Bild 2/31).

In Bild 2/32 wird die zeitliche Belastung durch den Unterbrechungsvorgang bei verschiedenen Klassen von Rechnersystemen gezeigt. Die Belastungswerte gelten für einen einmaligen Unterbrechungsvorgang pro Abtastperiode (zyklische Abtastung der Regelgröße) und sind daher auf den Fall einer Grenzregelung zugeschnitten.

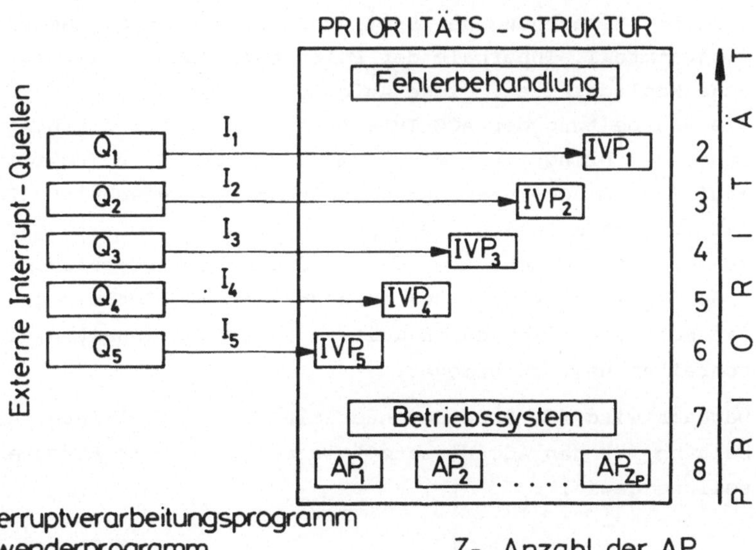

Bild 2/33: Prioritätsstruktur eines Prozeßrechners am Beispiel Siemens 320

Die Prioritätsstruktur nach Bild 2/33 ist kennzeichnend für einen Prozeßrechner mit Multi-Level-Interruptstruktur. Durch die verschiedenen Prioritätsebenen (im weiteren Verlauf Schnittstellenebenen genannt), die externen Interruptquellen zugeordnet sind, können Interruptverarbeitungsprogramme durch Interrupts höherer Priorität unterbrochen werden (Multi-Level-Interruptverarbeitung): Bei der Zuordnung einer Gruppe von Quellen zu einer Prioritätsebene werden die einzelnen Interrupts in der Reihenfolge ihres Eintreffens abgearbeitet (sequentielle Interruptverarbeitung).
Die Anwenderprogramme (AP) werden nach frei wählbaren Prioritäten durch das Betriebssystem verwaltet (innere Prioritäten).

In einem ACC-Programm sind unterschiedliche Aufgaben zu bewältigen, z.B. Berechnung der Reglerparameter, Reaktion auf Anschnitt, Berechnung der Stellgröße durch den arithmetischen Programmteil. Innerhalb der Prioritätsordnung gibt es verschiedene Möglichkeiten, diese Aufgaben anzusiedeln.
Die Bearbeitung der ACC-Interrupts auf mehreren Schnittstellenebenen bringt zwar einen zeitlich optimalen Funktionsablauf (jedem ACC-Interrupt wie Anschnitt, Ausschnitt, Zeitgeber ist in diesem Fall ein eigenes Interruptverarbeitungsprogramm zugeordnet), erhöht aber den Hardware-Aufwand beträchtlich. Außerdem wird dadurch dem Anwender die Möglichkeit genommen, die Schnittstellen durch weitere Funktionseinheiten wie Blattschreiber usw. zu belegen.

Deshalb wird für Prozeßrechner mit Multi-Level-Interruptverarbeitung für den ACC-Einsatz folgende sinnvolle Aufgabenverteilung gewählt:

1. Die Signale aus dem Prozeß, welche ACC-Funktionen betreffen, werden über eine Schnittstellenebene geführt (minimaler Hardware-Aufwand).

2. Die Schnittstellenebene wird ausschließlich für ACC-Funktionen verwendet. Durch die alleinige Belegung werden Verflechtungen mit Programmen, die zum ACC-Programm simultan ablaufen, vermieden.
3. Die Durchführung der verschiedenen ACC-Funktionen erfolgt je nach Erfordernis auf der Schnittstellenebene bzw. in einem Anwenderprogramm (Bild 2/33). Die Aufteilung der ACC-Funktionen wird nach folgenden Kriterien vorgenommen:
   - Reaktionszeit des Rechners auf ACC-Interrupts im Verhältnis zu den Verzögerungszeiten in der Regelstrecke (Abschn. 2.3.3.1)
   - Belastung des Prozessors durch den Organisationsaufwand des Betriebssystems im Verhältnis zu dem des eigentlichen ACC-Programmteils (s. Bild 2/32).

2.3.3.1 Anschnittsteuerung mit dem Prozeßrechner

Grenzregelungssysteme bieten die Möglichkeit, Leerwege mit erhöhter Vorschubgeschwindigkeit zu durchfahren. Voraussetzung dafür ist ein Regelsystem, welches nach dem erfolgten ersten Kontakt zwischen Werkzeug und Werkstück (Anschnitt) die hohe Vorschubgeschwindigkeit nach einer geeigneten Strategie reduziert (Anschnittsteuerung). Die Reaktion des Regelsystems auf den Anschnitt wird abgeleitet vom Ausgangssignal einer Funktionseinheit zur Erkennung von An- und Ausschnitt. Diese Funktionseinheit überwacht die den Anschnitt kennzeichnenden Prozeßsignale wie den elektrischen Kontakt zwischen Werkzeug und Werkstück /11/ , das Schnittmoment wie bei der hier beschriebenen Anlage, den Motorstrom des Hauptantriebs /17/ oder den Körperschall /30/ .

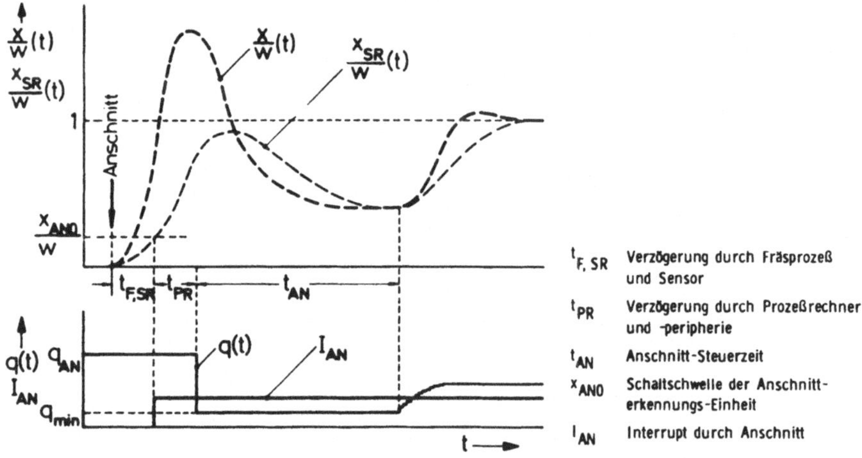

Bild 2/34: Prinzipieller Verlauf der Systemgrößen beim Anschnitt

Wird die Anschnitterkennung mit Hilfe des Schnittmoments durchgeführt, so hängt die größte zulässige Anschnitt-Vorschubgeschwindigkeit von folgenden Faktoren ab:

- maximaler Zahnvorschub
- Schaltschwelle der Einheit zur Anschnitterkennung
- Verzögerung durch: Zerspanprozeß, Sensor, Prozeßrechner und -peripherie, Bahnsteuerung.

Zusätzlich zu den im analogen Regelkreis wirkenden Verzögerungen hängt die Reaktion des Systems im diskreten Fall demnach von der Verzögerung (Antwortzeit) des Rechners und seiner Peripherie ab.

Der prinzipielle Verlauf der Systemgrößen beim Anschnitt wird in Bild 2/34 gezeigt. Nach dem Anschnitt steigt die Sensorausgangsgröße $x_{SR}(t)$ entsprechend der Dynamik von Zerspanprozeß und Sensor bis zur Ansprechschwelle x_{ANO} der Anschnitterkennungseinheit (AN) an. Beim Erreichen der Schwelle wird über die dynamische Digitaleingabe (DDE) ein Interrupt I_{AN} im Rechner erzeugt. Der Interrupt veranlaßt die (um t_{PR} verzögerte) Ausgabe der minimalen Stellgröße q_{min}, die während der Anschnittsteuerzeit t_{AN} auf den Prozeß einwirkt. Nach Ablauf von t_{AN} wird die zyklische Abtastung der Regelgröße gestartet. Die Abtastzeit wird über Interrupts des Zeitgebers (ZG) gebildet. Ihre Größe bestimmt sich durch die zeitliche Differenz zweier aufeinanderfolgender Interrupts.

Durch die gesteuerte Ausgabe von q_{min} wird ein rasches Absinken des Moments beim Anschnitt erreicht. Zwei Maßnahmen unterstützen diesen Vorgang:

- Die Größe von t_{AN} wird so gewählt, daß bei der ersten Abtastung die Größe x_{SR} bereits größer w ist, oder daß x_{SR} schon im Abklingen begriffen ist. Anderenfalls berechnet der Regelalgorithmus (für $x_{SR}(0)<w$) eine ansteigende Stellgröße q und verhindert somit ein rasches Absinken der Regelgröße.

- Die Anfangswerte des Regelalgorithmus nach Gl. 2.13 mit m = 1 werden zu

  $r(-1) = 0$

  $q(-1) =$ kleinste darstellbare (positive) Zahl (vergl. Abschn. 2.3.2)

  gewählt.

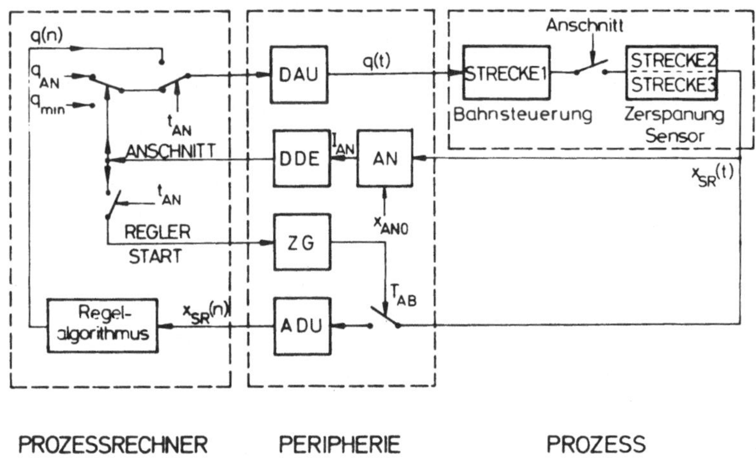

Bild 2/35: Anschnittsteuerung mit einem Prozeßrechner

In Bild 2/35 wird die Funktion der Anschnittsteuerung zusammen mit der für eine Grenzregelung wesentlichen Prozeßperipherie gezeigt.

Durch die Auslösung des Anschnittsteuerungsvorgangs über ein Interruptsignal wird das Systemverhalten von der Größe der Abtastperiode unabhängig. Die Reaktion auf den Anschnitt erfolgt "unmittelbar" (s. Bild 2/34, Verzögerung t_{PR}) und nicht mit einer (im ungünstigsten Fall vorhandenen) Verzögerung von einer Abtastperiode wie im Falle auftretender Streckenstörungen.

Die Möglichkeit der Anschnittsteuerung über einen Prozeßrechner kann durch folgende Überlegung begründet werden:
Wird der maximale Zuteilungsaufwand innerhalb eines Prozeßrechnersystems von 500 µs (Bild 2/32) zu einer Zeit von 500 µs bis 1000 µs für anschnittspezifische Programmteile und die Verzögerungen durch die dynamische Digitaleingabe (Unterbrechungseingabe) addiert, so liegt die Verzögerung t_{PR} (Bild

2/34) selbst für Prozeßrechnersysteme mit einem komfortablen Betriebssystem zwischen rd. 1 ms und 2 ms. (Im Programmsystem der entwickelten Anlage werden für die anschnittspezifischen Programmteile rd. 100 µs benötigt).
Vergleicht man diese Zeit $t_{PR}=(1...2)$ ms mit Verzögerungszeiten, die z.B. alleine durch die Anschnitterkennung im System auftreten (in /33/ wurde für die Anschnitterkennung über das Körperschallverfahren der Wert von 10 ms gemessen), so erweist sich die Anschnittsteuerung mit den heute verfügbaren Prozeßrechner als durchführbar.

2.3.3.2 Messung der Programmlaufzeit und Rechnerbelegung

Für eine direkte digitale Grenzregelung kann der in Abschn. 2.3.2 entwickelte Kompensationsalgorithmus mit Glättungslogik und asymmetrischer gewichteter Mittelwertbildung eingesetzt werden. Dieser Algorithmus erfüllt die Anforderungen, die von regelungstechnischer Seite an ihn gestellt werden. Als weiteres Kennzeichen für seine Eignung wird seine Programmlaufzeit bzw. seine Rechnerbelastung untersucht.
Es stellt sich die Frage nach der prozentualen Rechnerbelastung $b_R=(T_R+T_0)/T_{AB}$ durch die Grenzregelung, d.h. nach der Laufzeit T_R des eigentlichen Regelprogramms und der erforderlichen Organisationszeit T_0 (pro Abtastperiode).

Steht der Rechner der Grenzregelung vollständig zur Verfügung, so kann die Rechnerbelastung $b_R=100\%$ betragen [2]. Die maximal mögliche Laufzeit T_R ist (bis auf T_0) identisch mit der Abtastperiode T_{AB}. Diese Möglichkeit ist gegeben bei einem modular aufgebauten, dezentralisierten Werkzeugmaschinen-Steuerungssystem, indem den einzelnen Systemfunktionen (NC, AC, usw.) jeweils eine eigene Zentraleinheit (Mikro-Computer) zur Verfügung steht.

---

2) Die Totzeitwirkung durch die Laufzeit des Regelprogramms wird im Rahmen dieser Arbeit nicht untersucht.

Führt der Rechner mehrere Aufgaben simultan durch, so steht dem Regelprogramm nur ein Teil der Rechenzeit zu. Die Laufzeit ist in diesem Fall von besonderem Interesse.

Die Messung der Rechnerbelastung durch die Grenzregelung kann unter Ausnutzung der internen Prioritätsstruktur eines Prozeßrechners durchgeführt werden (s. Bild 2/36).

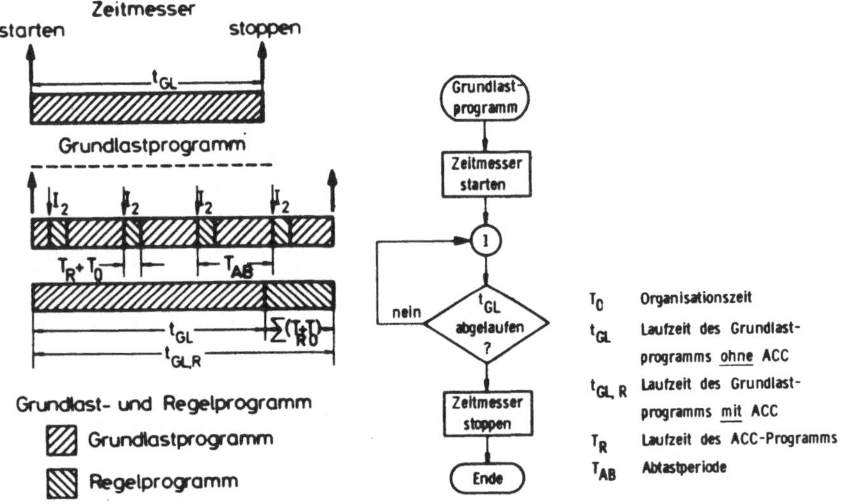

Bild 2/36: Belastungsmessung über ein Grundlastprogramm

Für die Ermittlung der Laufzeiten für die in Bild 2/37 angegebenen Algorithmen wurde wie folgt verfahren:
In einem ersten Schritt wird die Laufzeit t_{GL} eines unter der Verwaltung des Betriebssystems befindlichen Grundlastprogramms gemessen (Bild 2/36). Als Meßgerät dient ein über Start-Stop-Signale ansprechbarer Zeitmesser. Um die Meßfehler klein zu halten, wird die Laufzeit t_{GL} sehr groß (30s) gegenüber der Abtastzeit T_{AB}=15ms gewählt.

Als nächster Schritt erfolgt die Vergleichsmessung bei simultanem Ablauf von Regel- und Grundlastprogramm. Das Regelprogramm liegt in diesem Fall auf einer Schnittstellenebene. Zu jedem Zeitpunkt der Regelgrößen-Abtastung wird das Grundlastprogramm für die Laufzeit des Regelprogramms unterbrochen.

Die Summe aus mittlerer Laufzeit des Regelprogramms und Organisationszeit ergibt sich aus (Bild 2/36):

$$T_0 + T_R = T_{AB} \frac{t_{GL,R} - t_{GL}}{t_{GL,R}}$$

In der Tabelle in Bild 2/37 sind die Rechnerbelastung und die Summe von Lauf- und Organisationszeit von untersuchten Regelalgorithmen wiedergegeben. Die Diskussion dieser Ergebnisse findet im folgenden Abschnitt statt.

ALGORITHMEN

	PROZESSRECHNER		GRUNDFORMEN				ARITHMETIK				BS	$\frac{T_R+T_C}{\mu s}$	b_R/%
Nr.	PR320	PR330	PIA	GL	KPA	KA	FK	MD	GK	GKS			
1	X		X				X				X	930	6,20
2	X		X	X			X				X	760	5,07
3	X		X				X					350	2,33
4	X		X	X			X					200	1,33
5	X		X					X		X	X	14220	94,80
6	X		X				X	X				590	3,93
7	X		X	X			X	X				400	2,67
8	X		X		X		X	X				640	4,27
9	X		X	X	X		X	X				420	2,80
10	X					PT1	X	X				920	6,13
11	X			X		PT1	X	X				620	4,13
12	X					PT2	X	X				1020	6,80
13	X			X		PT2	X	X				631	4,21
14	X					PT2/D	X	X				1218	8,12
15	X			X		PT2/D	X	X				620	4,13
16		X	X					X	X			900	6,00
17		X	X	X				X	X			570	3,80
18		X	X				X					735	4,90
19		X	X	X			X					600	4,00
20		X				PT1			X			888	5,92
21		X		X		PT1			X			701	4,67
22		X				PT2			X			929	6,19
23		X		X		PT2			X			709	4,73
T_0	20 µs	90 µs											

Für Algorithmus Nr. 1, 2, 5 gilt: $T_0 \approx 590\,\mu s$

KA	Kompensations-Algorithmus	D	Doppelwort-Arithmetik
PIA	PI-Algorithmus	FK	Festkomma-Arithmetik
KPA	$K_p(y)$-Algorithmus	GK	Gleitkomma-Arithmetik
GL	Glättungslogik	GKS	simulierte GK
MD	mit Multiplikations- und Divisionsbefehlen	BS	Betriebssystem
		T_0	Organisationszeit

Bild 2/37: Rechnerbelastung und Laufzeiten von Regelalgorithmen (T_{AB}=15 ms)

Der Verlauf der Rechnerbelastung für einige Algorithmen in Abhängigkeit von der Abtastperiode T_{AB} wird in Bild 2/38 dargestellt. Hieraus ist zu entnehmen, wie groß die minimale Abtastperiode sein darf bei einer vorgeschriebenen Rechnerbelastung (oder umgekehrt).

Beispielsweise belastet der Kompensationsalgorithmus (Nr.11, Bild 2/37) den Rechner bei einer Abtastperiode T_{AB}=5 ms mit b_R=12,38%, bei T_{AB}=15ms mit b_R=4,13%.
Es zeigt sich damit, daß der Kompensationsalgorithmus (mit PT_1-Streckennachbildung) neben den geforderten Regeleigenschaften auch eine geringe Rechnerbelastung besitzt und sich daher für die Integration in den Steuerungsrechner einer CNC eignet.

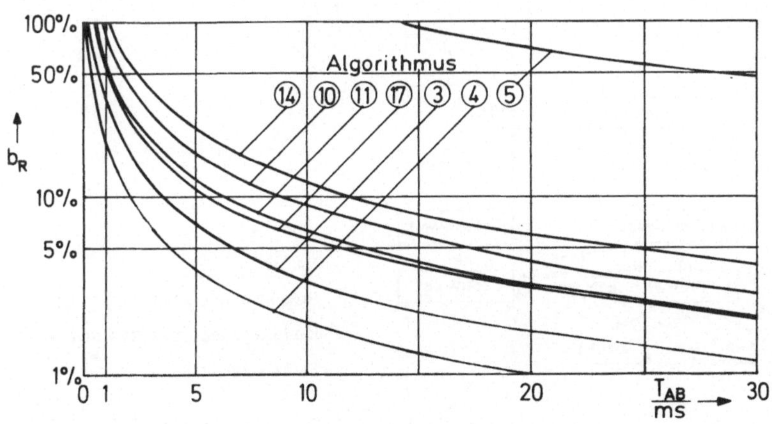

Bild 2/38: Rechnerbelastung b_R in Abhängigkeit von T_{AB} (vergl. Bild 2/37)

2.3.3.3 Arithmetik und Programmlaufzeit

Der Umfang und die Leistungsfähigkeit der arithmetischen Instruktionen besitzen einen starken Einfluß auf die Laufzeit des Regelprogramms. Besonders deutlich zeigt er sich beim Vergleich der Algorithmen Nr. 1 und 5 aus Bild 2/37. Beide besitzen dieselbe Organisationsstruktur und beruhen auf derselben Rekursionsformel. Der Algorithmus Nr. 1 arbeitet nur mit den hardware-mäßig vorhandenen Befehlen. Algorithmus Nr. 5 dagegen benutzt software-mäßig simulierte Gleitkomma-Befehle. Diese unterschiedliche Arithmetik wirkt sich durch eine um den Faktor 15 größere Rechnerbelastung von Algorithmus Nr. 5 gegenüber der von Nr. 1 aus.

In Bild 2/39 sind Realisierungsmöglichkeiten arithmetischer Befehle angegeben.

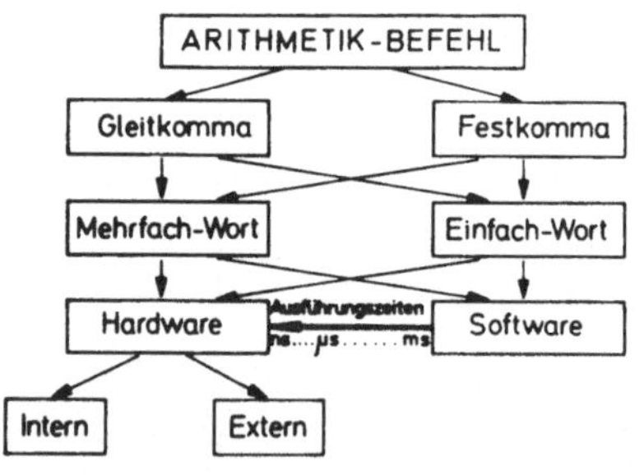

Bild 2/39: Realisierungsmöglichkeiten arithmetischer Befehle

Der Einfluß der im Regelprogramm eingesetzten Arithmetik auf die Programmlaufzeit wird z.T. aus den Ergebnissen von Bild 2/37 deutlich:

1. Festkomma-Arithmetik ohne Befehle für Multiplikation und Division (MD-Befehle) (Algorithmen 1...4):

Zur Reduzierung der Laufzeit werden für diese Operationen keine Simulationsroutinen verwendet, sondern sie werden durch wenige Additions- und Schiebebefehle ersetzt. Konstante Faktoren werden z.B. als Summe von Zweier-Potenzen angesetzt. Ein Faktor, dessen Zahlenwert sich erst innerhalb des Algorithmus ergibt, muß vor seiner Weiterverwendung durch eine Anzahl B von Zweierpotenzen angenähert werden.
In Bild 2/40 wird der dabei auftretende relative Fehler in Abhängigkeit der Stellenzahl N_b des Faktors angegeben. Als Parameter dient die Anzahl B der (höchstwertigen) Bitstellen, die in der Näherung Berücksichtigung finden.
Die Programmierung eines Regelalgorithmus mit dieser Arithmetik ist mühsam, die Berechnungen sind ungenau (Bild 2/40). Ein Einsatz dieser Arithmetik ist nur bei recht einfachen Algorithmen angebracht. Für den beschriebenen Kompensationsalgorithmus ist diese Arithmetik deshalb nicht brauchbar.

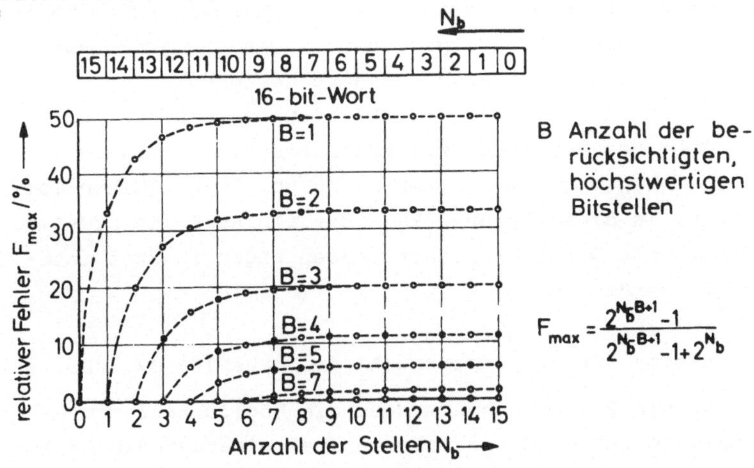

Bild 2/40: Relativer Fehler F_{max} bei der Darstellung einer Dualzahl durch ihre B höchstwertigen Stellen

2. Festkomma (FK)-Arithmetik mit Hardware-MD-Befehlen (Algorithmen 6...15):

   Diese Arithmetik wird in dem eingesetzten Kompensationsalgorithmus Nr. 10 bzw. 11 angewandt. Seine Laufzeit beträgt zwischen 600 µs und 900 µs, die Rechnerbelastung zwischen 4,13% und 6,13% (T_{AB}=15 ms). Die MD-Befehle werden in einem externen Baustein durchgeführt. Ihre Ausführungszeiten betragen rd. 50 µs.

   Der Wert T_R=600 µs gilt für ein störungsfreies System. Der Algorithmus wird nur nach jeder Glättungsperiode T_{SP} durchlaufen (Abschn. 2.3.2.5). Falls eine Störung zu einer über den Sollwert ansteigenden Regelgröße führt, wird die Glättungslogik ausgeschaltet. In diesem Fall wird der Algorithmus nach jeder Abtastperiode durchlaufen. Während eines Fräsvorgangs wird die Laufzeit zwischen diesen beiden genannten Werten liegen.
   Die Festlegung der Skalierung auf Grund von Genauigkeit und Zahlenbereich des Rechners ist für den Programmentwickler zwar eine umfangreiche und langwierige Arbeit, jedoch ergibt die FK-Arithmetik mit Hardware-MD-Befehlen für den Kompensationsalgorithmus kleine Programmlaufzeiten und ist deshalb für ACC-Programme geeignet.
   FK-Arithmetik mit Hardware-MD-Befehlen (extern oder intern) wird bei den heutigen Prozeßrechnern standardmäßig eingesetzt, ebenso wie bei einer Reihe von 16-bit-Mikro-Computern. In diese Rechner kann deshalb auch ein ACC-Algorithmus mit den hier beschriebenen Eigenschaften integriert werden.

3. Gleitkomma (GK)-Arithmetik (Algorithmus 16, 17, 20...23):

   Bietet ein Prozeßrechnersystem die Möglichkeit der GK-Arithmetik, so werden diese Befehle (bei einer großen Anzahl von Systemen) software-mäßig simuliert. Diese Simulation ist sehr zeitaufwendig und daher für ein ACC-Programm nicht geeignet. Bei dem Prozeßrechner Siemens 330 dauern

simulierte GK-Befehle zwischen 58 µs und 80 µs, die hardware-mäßig realisierte Arithmetik-Befehle dagegen nur 5 µs bis 11 µs.
Hardware-mäßig realisierte GK-Befehle schließen im allgemeinen nur die Operationen Addieren, Subtrahieren, Multiplizieren und Dividieren ein. Die arithmetischen Programmteile benötigen daher wenig Rechenzeit. Ein anschließender Vergleichsbefehl (z.B. die Abfrage nach der unteren und oberen Stellgrößengrenze) wird durch Software simuliert und führt so zu einer Laufzeitverlängerung des Regelprogramms (trotz schneller GK-Arithmetik).
Wird durch programmtechnische Maßnahmen (z.B. Paralleldarstellung der Größen als FK- und GK-Zahlen) auf simulierte Befehle konsequent verzichtet, liegen die Laufzeiten der Algorithmen mit GK-Arithmetik in derselben Größenordnung wie bei denen mit FK-Arithmetik (Laufzeitvergleich der Algorithmen Nr. 10...13 mit Nr. 20...23).
Ein Großteil der Laufzeit geht dabei auf das Konto der Wandlungsroutinen "FK in GK" (abgetastete Regelgröße) und "GK in FK" (berechnete Stellgröße). Günstig auf die Laufzeit wirken sich daher spezielle, schnelle Befehle für diese Wandlungsroutinen aus in Form von Hardware-Realisierungen oder als Mikro-Programm (Firmware).

Zusammenfassung:

Eine der Anforderungen an ein direktes digitales ACC-System ist das reaktionsschnelle Aussteuern des Anschnittvorgangs. Durch eine Analyse der im Grenzregelkreis wirkenden Verzögerungen von Hard- und Software-Komponenten und den Vergleich der dabei auftretenden Zahlenwerte wurde gezeigt, daß die heute verfügbaren Prozeßrechner mit ihren geringen Antwortzeiten (Größenordnung 50 µs...2 ms) zur Anschnittsteuerung geeignet sind.

Der in Abschn. 2.3.2 entwickelte Kompensationsalgorithmus erfüllt die regelungstechnischen Forderungen, die seitens einer Grenzregelung an ihn gestellt werden. Durch Laufzeitmessungen wurde nun festgestellt, daß dieser Algorithmus innerhalb der geforderten Abtastperiode von rd. 10 ms (Abschn. 2.3.1) ablauffähig ist. Insbesondere zeigten die kleinen Laufzeiten (600 µs...900 µs), daß der Kompensationsalgorithmus mit der Streckennachbildung durch PT_1-Verhalten für den simultanen Ablauf mit anderen Programmen (Ziel: Ablauf mit einem CNC-Betriebssystem) in Frage kommt.
Im Zusammenhang mit den Laufzeituntersuchungen erwies sich eine Festkomma-Arithmetik mit Hardware-Multiplikations/Divisions-Befehlen als erforderlich.

3 Integration des ACC-Systems in eine CNC

Bei der Entwicklung einer direkten digitalen Grenzregelung für eine Fräsmaschine mit CNC bietet sich die Möglichkeit, die Regelung in den Steuerungsrechner der CNC zu integrieren. In diesem Zusammenhang sind zwei entscheidende Fragen zu beantworten:

1. Welche Gründe sprechen für eine Integration ?
2. Ist eine Integration technisch realisierbar ?

Für eine Integration können im wesentlichen folgende Gründe angegeben werden:

1. Die Schnittstellen zwischen Grenzregelung und CNC-System befinden sich im Betriebssystem des Steuerungsrechner. Dies trifft insbesondere auf die Stellgröße Bahngeschwindigkeit zu, die für die Bahnberechnung innerhalb der Grobinterpolation (Bild 3/1) benötigt wird. Eine Beeinflussung des Zerspanprozesses durch die Grenzregelung führt daher über diese rechnerinterne Schnittstelle.
   Durch die Verlagerung der ACC-Funktionen in den Rechner ergeben sich daher einfache Kopplungsmöglichkeiten (Schnittstellennähe zum CNC-System).

2. Die Parameter und Einstellwerte für das ACC-System werden in Form von NC-Sätzen programmiert und müssen dem System über denselben Datenkanal (NC-Lochstreifenleser, Rechnerkopplung bei DNC-Systemen) wie die Teileprogramme übergeben werden (Bild 3/1).
   Die ACC-Daten sind deshalb ebenfalls im Steuerungsrechner verfügbar und können von einem integrierten ACC-System auf einfachste Art übernommen werden.

Die Untersuchungen über die technische Realisierbarkeit und die Integration des in Abschn. 2 entwickelten Regelkonzepts werden beispielhaft an der in der Anlage (Abschn. 4) eingesetzten CNC durchgeführt. Diese Steuerung entspricht dem allgemeinen Strukturtyp einer CNC nach Bild 3/1.
Die Integration erfolgt in drei Stufen:

1. Analyse der Arbeitsweise des CNC-Systems (insbesondere die der Grobinterpolation),
   Messungen der dynamischen Eigenschaften der CNC-Funktionen,
   Aufsuchen von Schnittstellen.
   (Abschn. 3.1)

2. Kopplung der ACC- und CNC-Funktionen.
   (Abschn. 3.2)

3. Wechselwirkung zwischen ACC-und CNC-Funktionen.
   (Abschn. 3.3)

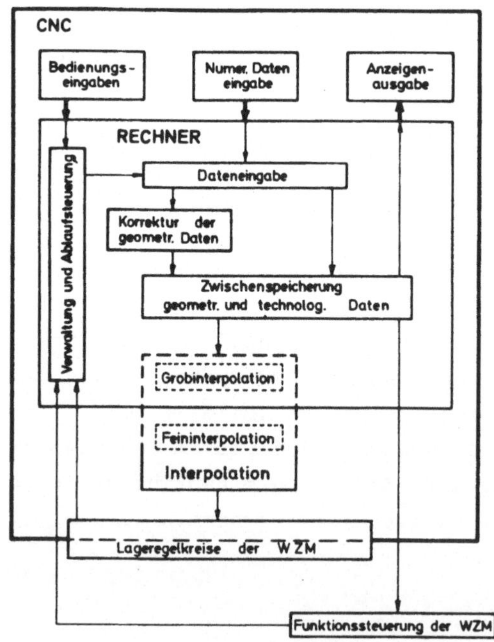

Bild 3/1:
Blockschaltbild einer CNC /3/

3.1 Arbeitsweise des CNC-Systems

Für das Zusammenwirken zwischen ACC- und CNC-Funktionen sind folgende Punkte von Bedeutung:

- die Organisation der CNC-Funktionen im Rechner
- die zeitliche Verteilung der CNC-Funktionen im Rechner (insbesondere der Interpolationsfunktion)
- die Verarbeitung der Information "Bahngeschwindigkeit" innerhalb des CNC-Systems.

3.1.1 Organisation der CNC-Funktionen im Rechner

Von den in /2/ genannten Aufgaben einer CNC

- Datenaufbereitung
- Funktionssteuerung
- Interpolation
- Verwaltungsorganisation

wirken sich die beiden letzten besonders auf die Integration aus.

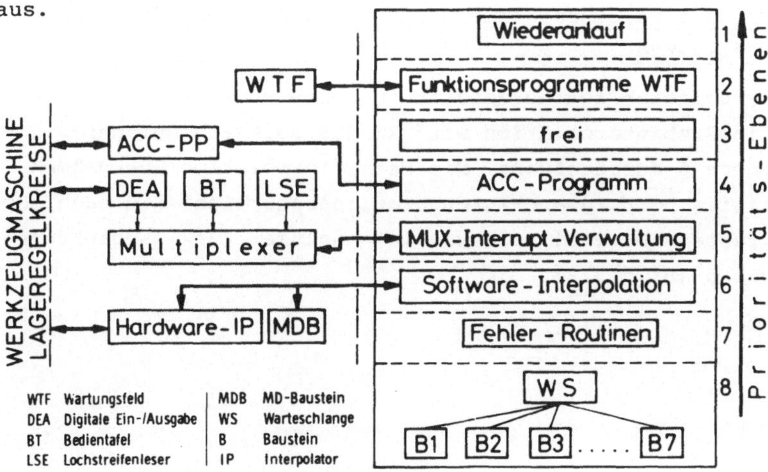

Bild 3/2: Struktur des CNC-Systems

Die Organisationsstruktur des CNC-Systems ist in Bild 3/2 dargestellt. (Mit eingezeichnet ist die Lage des ACC-Programms, die sich aufgrund der in Abschn. 3.2 durchgeführten Überlegungen ergibt. Die vom ACC-Programm belegte Prioritätsebene 4 ist im ursprünglichen System frei.)

Die für den CNC-Betrieb wichtigen Programme liegen auf den Prioritätsebenen 5, 6 und 8. Auf der Ebene 5 befinden sich Kurzprogramme mit Laufzeiten <500 µs. In der Hauptsache werden die Interrupts der digitalen Ein-/Ausgabe-Elemente (DEA), der Bedientafel (BT) und des NC-Lochstreifenlesers (LSE) entgegengenommen, verwaltet und anschließend die Weiterverarbeitung dem entsprechenden Baustein auf der Prioritätsebene 8 übertragen. Auf der Ebene 6 wird die Grobinterpolation durchgeführt (Abschnitt 3.1.2).

Auf der sogenannten Anwenderebene (s. Abschn. 2.3.3) mit der niedrigsten Priorität 8 befinden sich im wesentlichen die Programme, welche die auf der Ebene 6 verwalteten Interrupts bearbeiten (z.B. die Dekodierung eines NC-Satzes).

3.1.2 Arbeitsweise der Interpolation (Berechnung der Lage-Sollwerte)

Die Interpolation ist aufgeteilt in Grob- und Feininterpolation. Die Grobinterpolation wird in der Software auf der Prioritätsebene 6 durchgeführt. Die Feininterpolation übernehmen achsspezifische Hardware-Interpolationsbausteine, die nach dem DDA-Verfahren (Digital Differential Analyzer /34/) Weginkremente vorgeben (Bild 3/2).

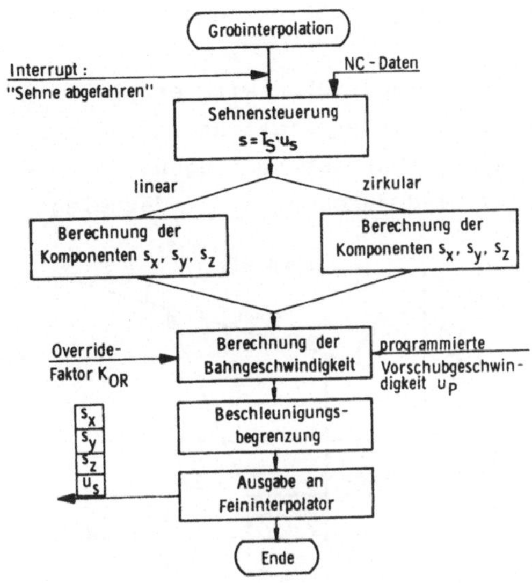

<u>Bild 3/3:</u>
Vereinfachte Darstellung des Grobinterpolationsprogramms

Im Hinblick auf eine Integration der Grenzregelung ist die Wirkungsweise der Grobinterpolation maßgebend (<u>Bild 3/3</u>).

Die Grobinterpolation arbeitet nach einem flexiblen Zeitrasterverfahren. Auf Grund der programmierten NC-Sätze werden Sehnenvektoren berechnet, deren Längen so bestimmt werden, daß mit der vorgegebenen Bahngeschwindigkeit u_s sich eine bestimmte, konstante Sehnenabfahrzeit T_S ergibt (Sehnensteuerung). Die Einzelkomponenten s_x, s_y, s_z werden je nach gefordertem Interpolationsmodus linear oder zirkular berechnet (Komponentenberechnung). Anschließend wird die im aktuellen NC-Satz programmierte Bahngeschwindigkeit u_P mit dem Override-Faktor K_{OR} multiplikativ zu der (Soll-) Bahngeschwindigkeit u_s verknüpft (Berechnung der Bahngeschwindigkeit). Änderungen der Bahngeschwindigkeit werden im Programmteil "Beschleunigungsbegrenzung" auf einen konstanten Beschleunigungswert begrenzt. Die Grobinterpolation schließt ab mit der Ausgabe der Sehnenkomponenten s_x, s_y, s_z und der Bahngeschwindigkeit u_s.

Innerhalb der Interpolations-Hardware werden diese Informationen über zwei Speicher, den Zwischen (ZSP)- und den Arbeitsspeicher (ASP), geführt.
Durch diese Zwischenspeicherung einer Sehne wird erreicht, daß auch während der Laufzeit des Interpolationsprogramms Sollinformationen für die Lageregelkreise vorliegen.
Der Ablauf des Sehnenwechsels wird durch Bild 3/4 dargelegt.

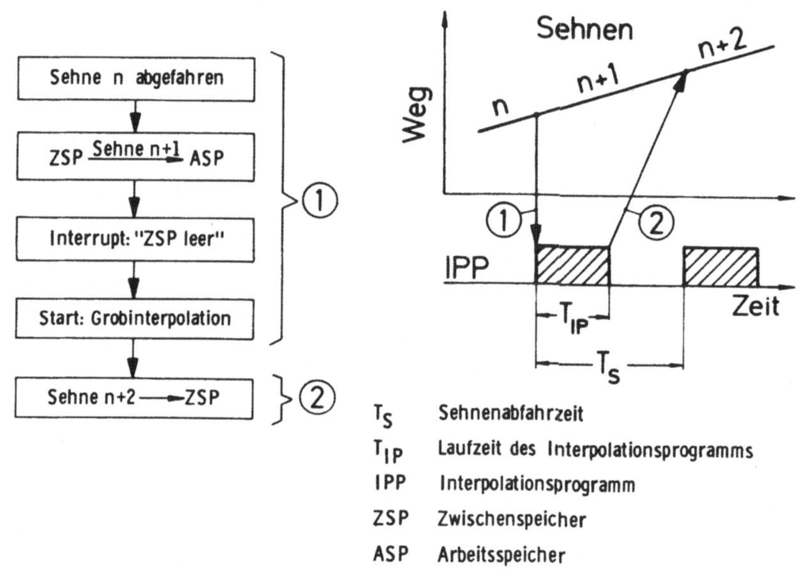

Bild 3/4: Ablauf des Sehnenwechsels

3.1.2.1 Sehnenlängensteuerung bei Linear- und Zirkularinterpolation

In Bild 3/5 ist der Zusammenhang zwischen Bahngeschwindigkeit u_s und Sehnenlänge s wiedergegeben.
Innerhalb der Grenzen s_{min}=2,5µm und s_{max}=2,01mm wird bei linearer Interpolation die Sehnenlänge nach der Beziehung $s=u_s \cdot T_S$ bestimmt mit T_S=15ms (Zeitrasterverfahren). Die entsprechenden Geschwindigkeiten für diese Sehnenlängen sind: u_s=10mm/min (für s_{min}) und u_s=8,04m/min (für s_{max}). Für

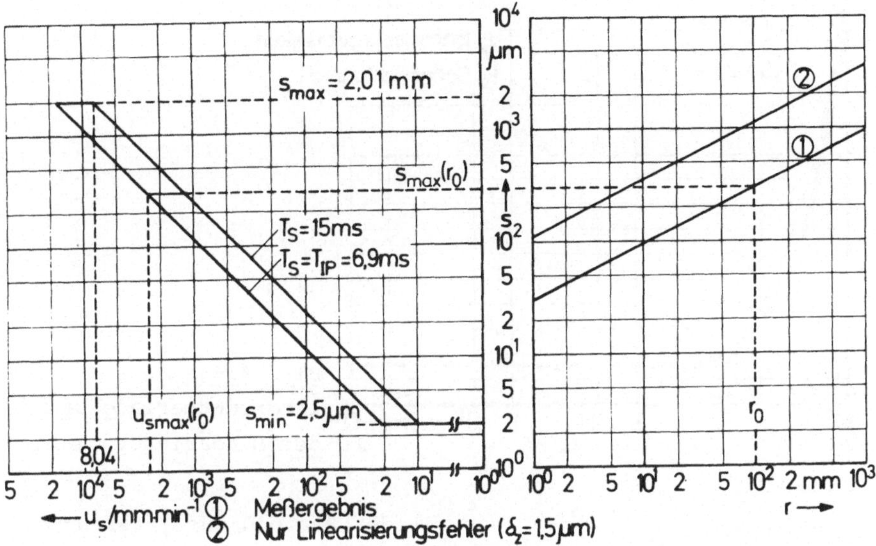

Bild 3/5: Sehnenlängensteuerung bei Linear- und Zirkular-interpolation

Geschwindigkeiten kleiner als 10mm/min bleibt die Sehne konstant ($s=s_{min}$), die Sehnenabfahrzeit bestimmt sich aus $T_S=s_{min}/u_s$.
Ganz entsprechend ergibt sich die Sehnenabfahrzeit für Geschwindigkeiten größer 8,04m/min zu $T_S=s_{max}/u_s$. In den beiden zuletzt genannten Fällen arbeitet die Interpolation nach dem Wegrasterverfahren.

Die Messung der Sehnenabfahrzeit T_S in Abhängigkeit von der Bahngeschwindigkeit u_s ergibt den in Bild 3/6 dargestellten

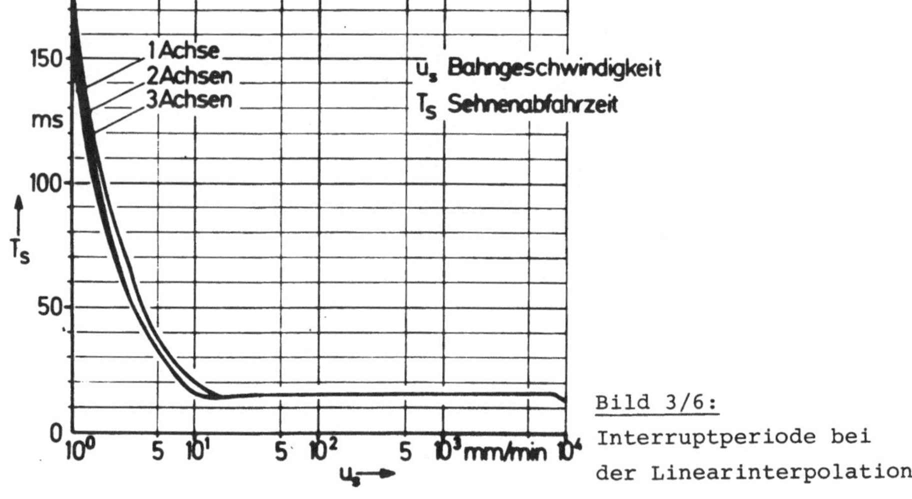

Bild 3/6:
Interruptperiode bei der Linearinterpolation

Zusammenhang (T_S ist identisch mit der Periode des Interrupts, welcher das Grobinterpolationsprogramm startet). Deutlich zu erkennen ist der Bereich für T_S=15ms=const. zwischen u_s= 10mm/min und u_s=8,04m/min. Durch das Wegrasterverfahren bedingt vergrößern sich die Abfahrzeiten für $u_s <$ 10mm/min und verkleinern sich für $u_s >$ 8,04m/min.

Innerhalb der Zirkularinterpolation ist die maximale Sehnenlänge s_{max} abhängig vom programmierten Radius r (Bild 3/7).

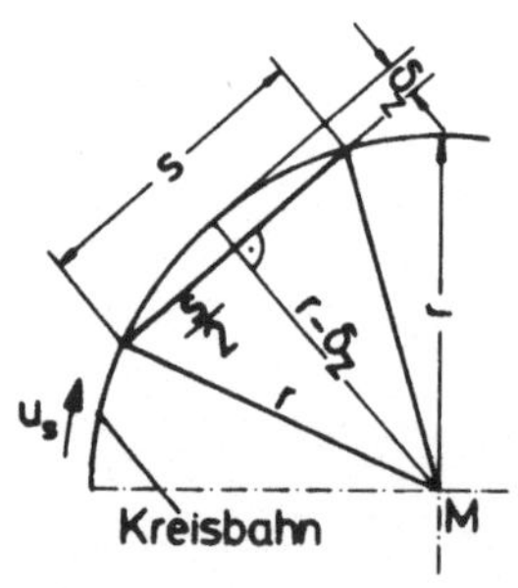

s Sehne
r Radius
δ_z Toleranz

Bild 3/7:
Geometrische Beziehung zwischen Radius und Sehnenlänge

Die geforderte Kreisbahn wird durch Sehnen so angenähert, daß bei gegebenem Radius eine Toleranzgrenze δ_Z=1,5 µm nicht überschritten wird. Aus Bild 3/7 erhält man:

$$s_{max}(r) = 2\sqrt{\delta_Z(2r - \delta_Z)} \qquad (3.1)$$

mit δ_Z = 1,5 µm: $s_{max}(r)/mm\ 0,11\ \sqrt{r/mm}$

Diese Beziehung nach Gl. 3.1 ist in der rechten Hälfte von Bild 3/5 als Kurve 2 eingetragen. Die tatsächliche im System wirkende Sehnenlängenbegrenzung $s_{max}(r)$ bestimmt sich aus den gemessenen Sehnenabfahrzeiten T_S bei der Zirkularinterpolation (Bild 3/8).Der Wechsel von Zeit- zu Wegrasterinterpolation bei steigender Bahngeschwindigkeit zeigt sich in Bild 3/8 durch den Übergang des waagerechten Kurvenverlaufs $T_S(u_S)$ in einen abfallenden Teil. Über die Geschwindigkeit $u_S(r)$ in diesem Knickpunkt und T_S=15ms wird die maximale Sehnenlänge s_{max}= $u_S(r)$.T_S gewonnen. Dieser effektive Zusammenhang $s_{max}(r)$ ist als Kurve 1 in Bild 3/5 dargestellt.

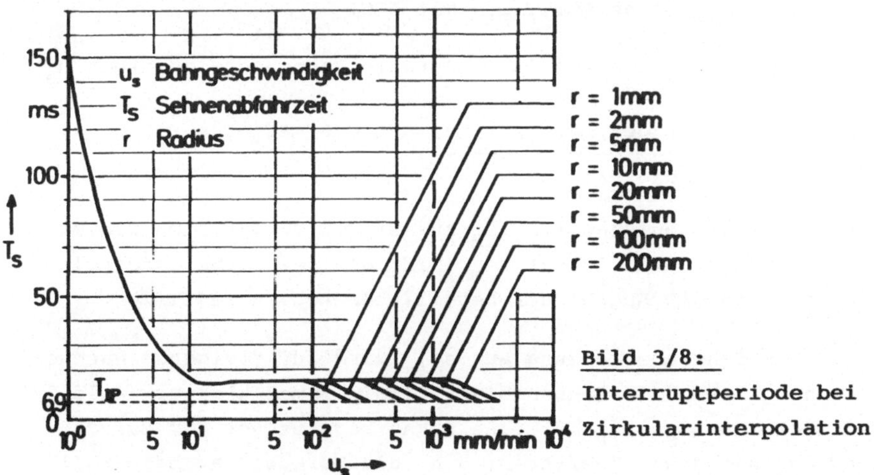

Bild 3/8: Interruptperiode bei Zirkularinterpolation

Der Unterschied zwischen Kurve 1 und 2 rührt her von der Berücksichtigung verfahrensspezifischer Fehler bei der Zirkularinterpolation wie z.B. das sich ständige Entfernen der Sehnenkette vom Kreis durch die Näherungsberechnung trigonometrischer Funktionen im Programmteil "Sehnenkomponentenberechnung".

3.1.2.2 Rechnerbelastung durch die Software-Interpolation

In der Tabelle von Bild 3/9 ist die gemessene Laufzeit T_{IP} des Interpolationsprogramms (pro Grobinterpolationsschritt) angegeben.

Interpolation	beteiligte Achsen	Laufzeit T_{IP}/ms	T_{IPR}/ms
Linear	1	2	3,1
	2	2,5	4,0
	3	2,9	4,7
Zirkular	2	6,9	7,7

T_{IP} Laufzeit des Interpolationsprogramms
T_{IPR} T_{IP} unter dem Einfluß der Grenzregelung
T_S Sehnenabfahrzeit

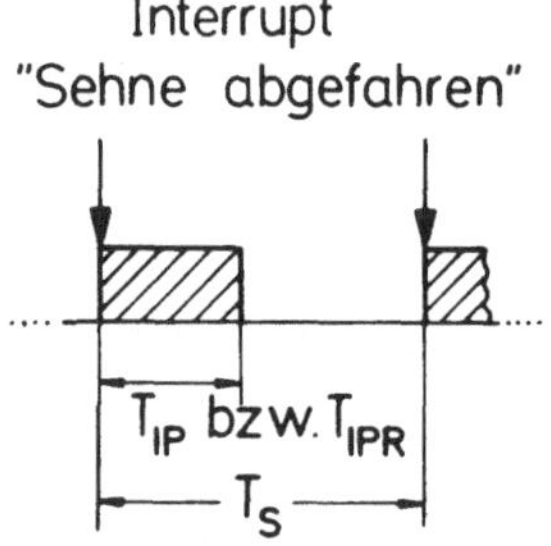

Bild 3/9: Laufzeit des Grobinterpolationsprogramms (T_{IP} ohne ACC, T_{IPR} mit ACC)

Die Werte für T_{IP} gelten für konstante Bahngeschwindigkeit u_s.

3.1.2.3 Einfluß der Laufzeit T_{IP} auf die maximale Bahngeschwindigkeit

Mit den Meßergebnissen für T_{IP} aus Bild 3/9 läßt sich die maximale Bahngeschwindigkeit u_{smax} für die jeweilige Interpolationsart und die Anzahl der beteiligten Achsen bestimmen.

Durch die Sehnenbegrenzung auf s_{max} wird für steigende Bahngeschwindigkeiten die Sehnenabfahrzeit T_S immer kleiner (Bild 3/6 und 3/8). Für $T_S < T_{IP}$ ist eine Sehne bereits vor der Berechnung der nächsten abgefahren, d.h. die Vorgabe der Lage-Sollwerte für die Feininterpolatoren und die Lageregelkreise wird unstetig. In Bild 3/10 ist der Ablauf für $T_S \geq T_{IP}$ (ABC) und $T_S < T_{IP}$ (ABC') dargestellt.
Als maximale Bahngeschwindigkeit gilt der Wert, der sich beim

Übergang von der stetigen zur unstetigen Sollwertvorgabe ergibt:

$$u_{smax} = s_{max}/T_{IP} \qquad (3.2)$$

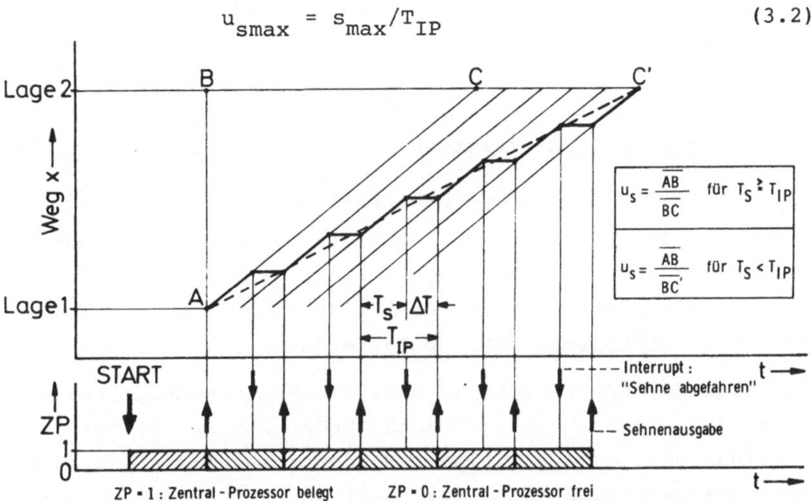

<u>Bild 3/10:</u> Begrenzung der Bahngeschwindigkeit durch die Laufzeit des Interpolationsprogramms

Zahlenwerte für u_{smax} werden in Abschn. 3.3 im Zusammenhang mit dem Einfluß der Grenzregelung auf u_{smax} diskutiert.

3.2 Kopplung zwischen CNC- und ACC-Funktionen

Maßgebend für die Auswahl der Kopplungsstruktur ist ihre Funktionsfähigkeit und ihr Grad der Trennung zwischen ACC- und CNC-Funktionen. Unterscheiden sich mehrere Kopplungsstrukturen nicht in ihrer Funktionsfähigkeit, so wird diejenige mit der weitestgehenden Trennung zwischen diesen Funktionen vorgezogen.

Durch diese Trennung ergeben sich in folgenden Fällen Vorteile:

- bei der <u>nachträglichen</u> ACC-Integration in ein bestehendes CNC-System (wie im vorliegenden Fall),
- beim Test und bei der Inbetriebnahme des ACC-CNC-Systems,

- bei der Implementierung von Systemverbesserungen im ACC- und im CNC-Bereich,
- bei der Lokalisierung und Beseitigung von Fehlerursachen.

3.2.1 Kopplung der ACC-Prozeßperipherie an den CNC-Rechner

Die Kopplung der Hardware muß über eine der fünf Schnittstellenebenen erfolgen (Bild 2/33). Ohne die vorhandene Hardware abzuändern, ergeben sich zwei Möglichkeiten: der Anschluß über eine freie Schnittstelle (Prioritätsebene 3 oder 4) oder über die vom Multiplexer (MUX) belegte Ebene 5.

Der Anschluß der ACC-Peripherie über die freie Schnittstelle erfordert ein eigenes Prozeßelement (DEDA, Abschn. 4). Bei der Kopplung über den Multiplexer werden zusätzliche digitale Ein-/Ausgabe-Bausteine (DEA) erforderlich. Vom Hardware-Aufwand her gesehen sind beide Lösungen gleichwertig. Unter dem Gesichtspunkt der Komponententrennung ist dem Anschluß über eine freie Schnittstelle gegenüber dem über den Multiplexer der Vorzug zu geben.

3.2.2 Organisation des ACC-Programms innerhalb des CNC-Software-Systems

Während eines Bearbeitungsvorgangs muß gewährleistet sein, daß die Verarbeitung der ACC-Alarme (z.B. Anschnitt) und die Übergabe der berechneten Stellgröße durch CNC-Funktionen nicht blockiert werden.
Die Übergabe der Stellgröße wird z.B. verhindert, wenn

- der Regelalgorithmus (Berechnung der Stellgröße) als Baustein der Ebene 8 zugeordnet wird (Bild 3/2) und
- das System sich auf einer Kreisbahn (Radius r_0) befindet mit der maximalen Bahngeschwindigkeit $u_{smax}(r_0)$ (Bild 3/5).

Wie in Bild 3/10 dargestellt ist, belegt das Interpolationsprogramm durch seine hohe Priorität den Rechner in diesem Fall zeitlich lückenlos. Der Regelalgorithmus kommt nicht "zum Zuge".

Der Gesichtspunkt der Funktionstüchtigkeit erfordert deshalb für das ACC-Programm dieselbe oder eine höhere Priorität als die Software-Interpolation, d.h. es muß auf einer der Schnittstellenebenen angesiedelt werden. Für die Behandlung der ACC-Interrupts (z.B. Anschnitt) kommen die Ebenen 4 und 5 in Frage (Abschn. 3.2.1). Dem Regelalgorithmus kann die Ebene 4, 5 oder 6 zugewiesen werden (Bild 3/1).

Organisations-form	ACC-Interrupt-Verarbeitung	ACC-Algorithmus
①	Ebene 4	Ebene 6
②	Ebene 5	Ebene 6
③	Ebene 4	Ebene 4
④	Ebene 5	Ebene 5

Bild 3/11: Organisationsformen für das ACC-Programm

Von den in Bild 3/11 aufgezeigten Organisationsformen bietet Form 3 (ACC-Programm auf einer freien Schnittstelle) die weitestgehende Trennung der Funktionen und kommt daher in der Anlage zum Einsatz.

3.3 Schnittstellen und Wechselwirkung zwischen ACC- und CNC-Funktionen

3.3.1 Übergabe der Stellgröße Bahngeschwindigkeit

Im ursprünglichen CNC-System erfolgt die Vorgabe der Bahngeschwindigkeit durch den programmierten Wert u_P. Dieser Wert gilt mindestens für die Dauer eines NC-Satzes und wird bei jedem Lauf des Interpolationsprogramms im Programmteil "Berechnung der Bahngeschwindigkeit" berücksichtigt (Bild 3/3).

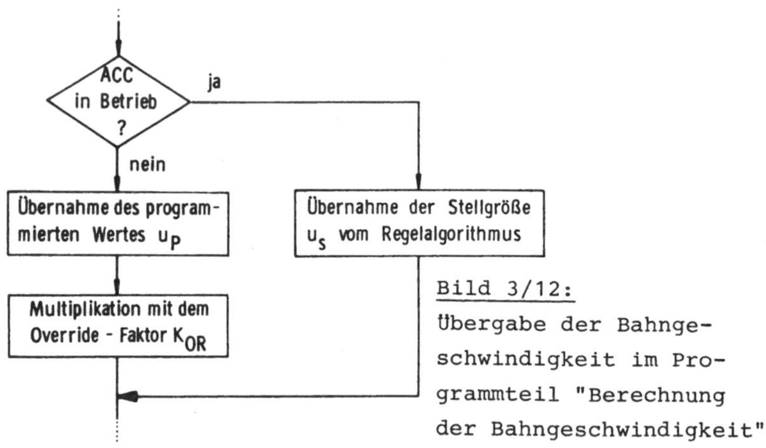

Bild 3/12:
Übergabe der Bahngeschwindigkeit im Programmteil "Berechnung der Bahngeschwindigkeit"

Dieser Programmteil bietet daher eine einfache Schnittstelle bei der Übergabe der vom ACC-Algorithmus berechneten Bahngeschwindigkeit. Dazu wird die CNC-Software an dieser Stelle geringfügig abgeändert durch das Einfügen der Abfrage "ACC in Betrieb?" (Abschn. 4).
Ist die Regelung in Betrieb, so wird die vom ACC-Algorithmus berechnete Bahngeschwindigkeit an Stelle der programmierten aus einer vereinbarten Speicherzelle übernommen (Bild 3/12).

Damit wird gleichzeitig verhindert, daß über die ursprüngliche Override-Funktion die Bahngeschwindigkeit verändert wird.

3.3.2 Abtastperiode und Sehnenabfahrzeit

Durch die im vorhergehenden Abschnitt beschriebene Übergabe der Stellgröße an den Grobinterpolationsalgorithmus wird die Einflußnahme der Grenzregelung auf den Fräsprozeß an die Sehnenabfahrzeit T_S gekoppelt. Eine Änderung der Bahngeschwindigkeit ist nur möglich, wenn eine Sehne abgefahren ist. Eine Abtastperiode $T_{AB} < T_S$ ist daher nicht sinnvoll.

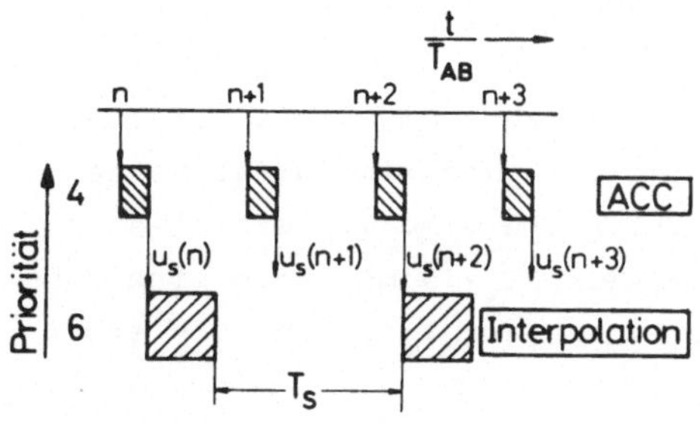

Bild 3/13:
Abtastperiode T_{AB}<Sehnenabfahrtzeit T_S

Wie in Bild 3/13 gezeigt wird, bleibt die zum Zeitpunkt $t=(n+1)T_{AB}$ berechnete Stellgröße $u_s(n+1)$ unberücksichtigt. Der Durchlauf des ACC-Algorithmus zu diesem Zeitpunkt bringt keinen effektiven Beitrag zum Regelverhalten, sondern trägt nur zur Rechnerbelastung bei.

Mit der Wahl $T_{AB}=T_S$ liegt die Abtastperiode T_{AB} in dem in Abschn. 2.3.1 bestimmten Größenbereich. Werden aus dynamischen Gründen Abtastzeiten kleiner als 15ms gefordert, so muß in diesem Fall die Sehnenabfahrzeit T_S innerhalb des Grobinterpolationsprogramm verkleinert werden.

3.3.3 Einfluß der Grenzregelung auf die Laufzeit des Interpolationsprogramms

Im Betrieb ohne ACC ist die Bahngeschwindigkeit während einer Satzbearbeitung konstant (bis auf den Beschleunigungsvorgang am Satzanfang und den Abbremsvorgang am Satzende). Es ergeben sich die in der Tabelle auf Bild 3/9 genannten Laufzeiten T_{IP}. Im Betrieb mit ACC ändert sich jedoch die Bahngeschwindigkeit als Folge veränderlicher Streckenparameter wie Schnittiefe, Eingriffsgröße usw. auch während der Abarbeitung eines NC-Satzes. Eine Änderung der Geschwindigkeit führt aber zur Aktivierung des Programmteils "Beschleunigungsbegrenzung" (Bild 3/3) und erhöht dadurch die Laufzeit des Interpolationsprogramms auf die in Bild 3/9 angegebenen Werte T_{IPR}.

3.3.4 Minimale Bahngeschwindigkeit u_{smin}

Wie aus den Bildern 3/6 und 3/8 zu entnehmen ist, vergrößern sich die Sehnenabfahrzeiten für Bahngeschwindigkeitswerte $u_s < 10$mm/min (Abschn. 3.1.2.1). Für u_s=1mm/min ergibt sich z.B. für die Kreisbewegung der Wert T_S=155ms. Wird eine Sehne mit dieser Geschwindigkeit ausgegeben, so kann sie erst nach 155ms geändert werden.

Um die Dynamik des Regelsystems zu erhalten, wird deshalb die Bahngeschwindigkeit unabhängig vom Bearbeitungsfall auf den Wert u_{smin}=10 mm/min begrenzt. D.h. die Sehnenabfahrzeit T_S und damit die Abtastperiode T_{AB} werden nie größer als 15 ms (vergl. Bild 3/6 und 3/8).
Der Forderung nach Werten für u_s<10mm/min kann durch Verkleinern der minimalen Sehnenlänge s_{min} entsprochen werden.

3.5.5 Einfluß der Regelung auf die maximale Bahngeschwindigkeit u_{smax}

Nach Gl. 3.2 wird die maximale Bahngeschwindigkeit u_{smax} neben der maximalen Sehnenlänge s_{max} durch die Laufzeit T_{IP} des Interpolationsprogramms bestimmt.

Im ACC-Betrieb wirkt sich einmal die Verlängerung von T_{IP} auf T_{IPR} (Abschn. 3.3.4) zum anderen die Laufzeit T_R des Regelprogramms auf die Reduzierung von u_{smax} aus. In der Tabelle von Bild 3/14 sind die Werte für u_{smax} ohne und mit ACC für die Linearinterpolation gegenübergestellt. Die Werte für die Laufzeiten T_{IP} stammen aus Bild 3/9.

Linearinterpolation		
Beteiligte Achsen	u_{smax} / $m \cdot min^{-1}$ ohne ACC	mit ACC
1	60,3	30
2	48,2	24,5
3	41,6	21,5

ohne ACC: $u_{smax} = \frac{s_{max}}{T_{IP}}$

mit ACC: $u_{smax} = \frac{s_{max}}{T_{IPR} + T_R}$

$T_R = 900\,\mu s$, $s_{max} = 2{,}01\,mm$

Bild 3/14: Maximale Bahngeschwindigkeit u_{smax} mit und ohne ACC bei Linearinterpolation

Die Laufzeit des eingesetzten Kompensationsalgorithmus beträgt maximal T_R=900µs (Bild 2/37, Algorithmus Nr. 11)

Die Werte für u_{smax} im ACC-Betrieb liegen nach Bild 3/14 über der Eilvorschubgeschwindigkeit (10m/min) der Fräsmaschine. Die Reduzierung von u_{smax} durch die Regelung wirkt sich demnach bei linearer Interpolation innerhalb des Arbeitsbereichs von u_s nicht aus.

Bei der Zirkularinterpolation ist s_{max} eine Funktion des Radius r (Abschn. 3.1.2.1). Aus Bild 3/5, Kurve 1 ergibt sich dieser Zusammenhang in Form einer zugeschnittenen Größengleichung:

$$s_{max}(r)/\mu m = 31{,}2\ (r/mm)^{0{,}48} \qquad (3.3)$$

Mit den beiden Beziehungen für u_{smax} aus Bild 3/14 und Gl. 3.3 wird u_{smax} bei der Zirkularinterpolation:

$$\frac{u_{smax}}{mm/min} = 1872 . \frac{(r/mm)^{0{,}48}}{B^*/ms} \qquad (3.4)$$

$$B^* = \begin{cases} T_{IP} & \text{ohne ACC} \\ T_{IPR} + T_R & \text{mit ACC} \end{cases}$$

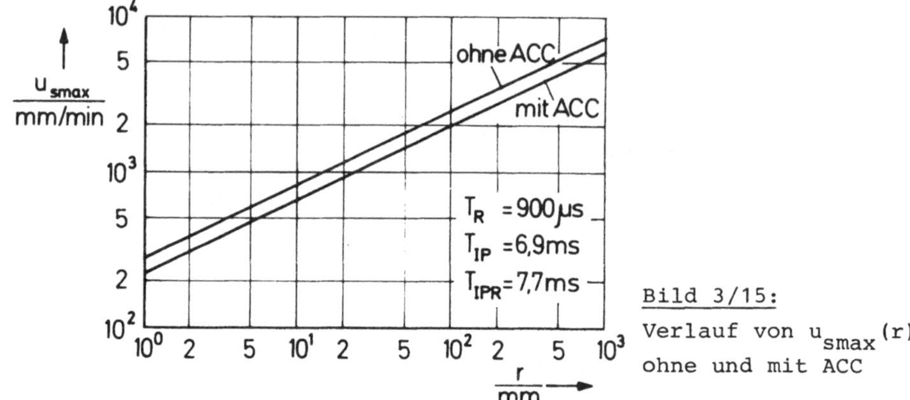

Bild 3/15:
Verlauf von $u_{smax}(r)$ ohne und mit ACC

Aus Bild 3/15 ist die Reduzierung von u_{smax} durch die Grenzregelung zu entnehmen. Für eine Kreisbahn mit r=100mm ergibt sich z.B. eine Geschwindigkeitsreduzierung von u_{smax}=2500mm/min auf u_{smax}=2000mm/min.

Übliche Werte für die Bahngeschwindigkeit bei der Bearbeitung von Stahl und schwer zerspanbaren Werkstoffen wie Titan liegen unter den Grenzwerten aus Bild 3/15. In diesen Fällen besitzt die Reduzierung keine nachteiligen Auswirkungen.
Beim Fräsen von Leichtmetallen wie Aluminium liegen die Bearbeitungsgeschwindigkeiten im Bereich dieser Werte aus Bild 3/15 und werden von ihnen begrenzt.

In Bild 3/16 wird der Einfluß der Laufzeit T_R auf die Bahngeschwindigkeit u_s im Zusammenhang mit minimaler und maximaler Sehnenlänge, sowie der Sehnenabfahrzeit T_S gezeigt.
Innerhalb des schraffierten Bereichs liegen mögliche Wertepaare $T_{IPR}+T_R, u_S$. Die linke Bereichsgrenze ändert sich je nach Interpolationsart und Anzahl der beteiligten Achsen (Bild 3/9). Die

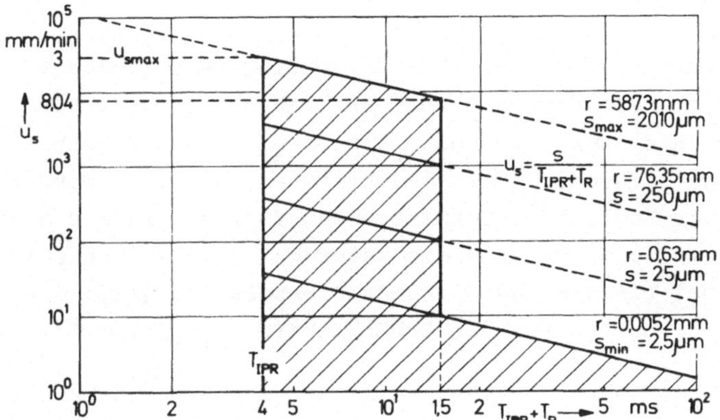

Bild 3/16: Einfluß der Laufzeit T_R auf die Bahngeschwindigkeit u_s (Beispiel: zweiachsige Linearinterpolation)

rechte Bereichsgrenze entspricht der Sehnenabfahrzeit T_S. Die obere Grenze liegt für die Linearinterpolation fest, für die Zirkularinterpolation nähert sie sich mit kleiner werdendem Radius der Abszisse.

3.3.6 Maximale Bahngeschwindigkeit u_{max}

Innerhalb des ACC-Systems wird die obere Stellgrößengrenze u_{max} aus dem zulässigen Zahnvorschub s_{zmax}, der die Belastbarkeit der Werkzeugschneide ausdrückt, der Drehzahl n_{Sp} der Hauptspindel und der Zähnezahl z bestimmt:

$$u_{max} = s_{zmax} \cdot n_{Sp} \cdot z$$

Ist für einen bestimmten Bearbeitungsfall $u_{max} > u_{smax}$, so kann das Regelverhalten durch zwei Effekte beeinträchtigt werden:

1. Die Vorgabe der Sollwerte an die Lageregelkreise wird unstetig (vergl. Bild 3/10). Dieser Fall tritt ein, wenn der Grenzregelalgorithmus bei einer Kreisbewegung (Radius r_0) die Stellgröße $u_s > u_{smax}(r_0)$ vorgibt:

   $r = r_0$, $u_s > u_{smax}(r_0)$ und damit:

   $T_S = s_{max}(r_0)/u_s < T_{IPR} + T_R$ (vergl. Bild 3/5)

2. Beim Übergang von einer Kreis- in eine geradlinige Bewegung bzw. beim Übergang von Kreisbahnen mit verschiedenen Radien (Radius $r_1 \rightarrow$Radius r_2, $r_1 < r_2$) können Einschwingvorgänge im Grenzregelkreis auftreten, die zu einem Anstieg der Regelgröße Schnittmoment führen. Ursache dieser Einschwingvorgänge sind die unterschiedlichen Werte für u_{smax} bei Linear- und Zirkularinterpolation (Bild 3/14 und 3/15) bzw. durch die Abhängigkeit $u_{smax}(r)$.

Beide Effekte führen zu einer Belastung des Systems Werkzeugmaschine, Werkzeug und Werkstück. Um sie zu vermeiden, wird die obere Stellgrößengrenze innerhalb des Regelalgorithmus (unabhängig vom Bearbeitungsfall) auf $u_{smax}(r)$ nach Gl. 3.4 mit $B^*=T_{IPR}+T_R=8{,}6$ ms begrenzt.

3.3.7 Anschnittsteuerung im CNC-System

Innerhalb des CNC-Systems wirken drei Eigenschaften einer raschen Reaktion auf das Anschnittsignal entgegen:

1. Sehnenabfahrzeit,-pufferung
2. Beschleunigungsbegrenzung
3. Schleppabstand

3.3.7.1 Sehnenabfahrzeit und Sehnenpufferung

Bei einem direkten digitalen ACC-System ohne CNC erfolgt die Reaktion auf den Anschnitt unabhängig von der Abtastperiode T_{AB} (Abschn. 2.3.3.1). Die Reaktion wird über einen Interrupt initiiert. Durch die Kopplung des ACC- mit dem CNC-Systems geht diese Unabhängigkeit zunächst verloren.

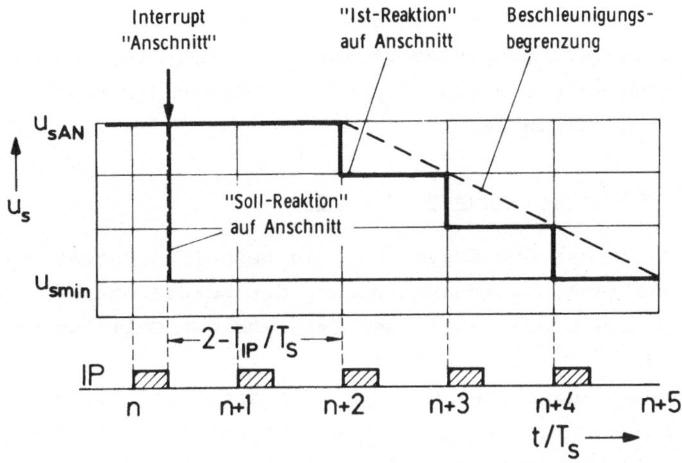

Bild 3/17: Verzögerung der Anschnittreaktion durch Sehnenabfahrzeit T_S, Sehnenpufferung und Beschleunigungsbegrenzung

Die Arbeitsweise der Grobinterpolation läßt bei der gewählten Übergabeschnittstelle (Abschn. 3.3.1) eine Änderung der Bahngeschwindigkeit nur in Zeitintervallen der Sehnenabfahrzeit zu. Im Zusammenwirken mit der Sehnenpufferung (Abschn. 3.1.2) vergeht im ungünstigsten Fall die Zeit $t=2T_S-T_{IP}$ bis eine Reduzierung wirksam wird (Bild 3/17).
Für die Interpolation mit der kleinsten Laufzeit T_{IP}=2ms ergibt sich der maximale Wert von 28ms (Bild 3/9, einachsige Linearinterpolation).
Um diese durch das Interpolationsverfahren bedingte Verzögerung auszuschalten, wird beim Anschnitt wie folgt verfahren:

1. Die (Fein-) Interpolation der aktuellen Sehne wird abgebrochen. Der Stand des Sehnenrestweges wird zur Vermeidung von Lagefehlern in den CNC-Rechner eingelesen und innerhalb der Positionsbuchhaltung berücksichtigt.
2. Die in Abschn. 2.3.3.1 geforderte Anschnittsteuerzeit wird erreicht, indem für die Berechnung der 1.Sehne nach dem Anschnitt eine Abfahrzeit gleich dieser

Steuerzeit zu Grunde gelegt wird, d.h. für eine Steuerzeit von z.B. T_{AN}=60 ms beträgt die Länge dieser Sehne 10 µm.

3.3.7.2 Beschleunigungsbegrenzung

Im ursprünglichen CNC-System hat die Beschleunigungsbegrenzung die Aufgabe, Überbeanspruchung der Werkzeugmaschine zu verhindern und Abweichungen der Ist- von der Sollbahn zu verkleinern /10/.
Ist diese Begrenzung bei der Anschnittsteuerung wirksam, so wird zwar als Folge des Interrupts "Anschnitt" der Wert u_{smin} der Grobinterpolation (entsprechend der Schnittstelle nach Abschnitt 3.3.1) übergeben, wirkt jedoch erst nach Vielfachen von T_S auf den Fräsprozeß ein (Bild 3/17).
Für die Ausgabe der 1.Sehne mit u_{smin}=10mm/min wird die Beschleunigungsbegrenzung deshalb unwirksam gemacht. Dadurch wird erreicht (zusammen mit den Maßnahmen aus Abschn. 3.3.7.1), daß dieser Wert nahezu unverzögert an die Feininterpolatoren ausgegeben wird.

3.3.7.3 Schleppabstand

Durch die in den beiden vorhergehenden Abschnitten beschriebenen Maßnahmen wird erreicht, daß die Vorgabe der Soll-Bahngeschwindigkeit u_{smin} an die Feininterpolatoren nahezu ohne Verzögerung erfolgt.
Innerhalb eines (konventionellen) Lageregelkreises treten jedoch Abweichungen auf /10/. Verfährt das System mit konstanter Bahngeschwindigkeit u_s, so ist diese Abweichung durch den Quotienten u_s/K_v bestimmt.

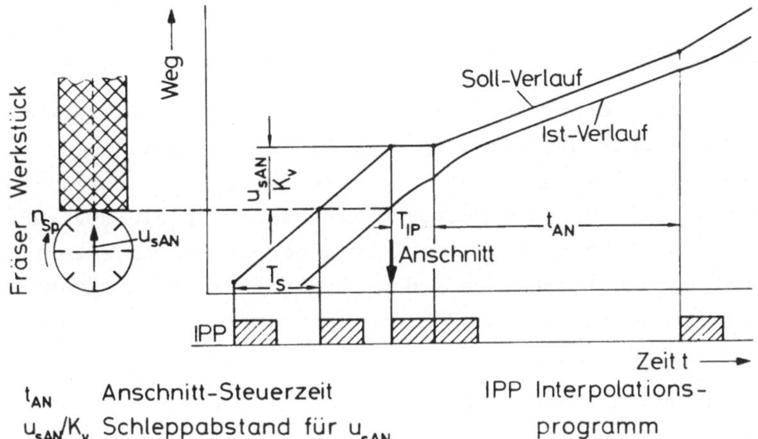

Bild 3/18: Anschnittvorgang mit Umgehung der Sehnenabfahrzeit und der Beschleunigungsbegrenzung

Übertragen auf den Anschnittvorgang bedeutet dies: Durch den Interrupt "Anschnitt" wird angezeigt, daß Werkstück und Werkzeug sich berühren. Die geometrische Lage der beiden wird bestimmt durch die Ist-Position zum Zeitpunkt der Berührung. Da der Lage-Sollwert dem Lage-Istwert "vorauseilt", dringt das Werkzeug trotz der oben beschriebenen Maßnahmen zunächst mit der Anschnitt-Vorschubgeschwindigkeit ein und nimmt den Wert u_{smin} erst asymptotisch an (Bild 3/18).

Um dieses Eindringen zu verringern, stehen beim Auftreten des Interrupts "Anschnitt" folgende Maßnahmen zur Verfügung:

1. Sperrung der Lageregeleinrichtung.
2. Vorschubantriebe stillsetzen.
3. Meßkreis leerzählen:
   Diese Funktion bringt die im Rechner gespeicherte Position mit der Ist-Position in Übereinstimmung.

Zusammenfassung:

Das in Abschn. 2 entwickelte Regelkonzept für eine direkte digitale Grenzregelung wurde in eine CNC integriert.
Für diese Systemlösung spricht, daß die Schnittstellen zwischen Grenzregelung und CNC-System (insbesondere die Übergabe der Stellgröße Bahngeschwindigkeit und der Reglerparameter) sich im Steuerungsrechner befinden. Die integrierten ACC-Funktionen benötigen für die Ausführung ihrer Aufgaben einen minimalen Hardware-Aufwand.

Im Zusammenhang mit der durchgeführten Integration stellten sich folgende Ergebnisse dar:

1. Durch die Auswahl einer geeigneten Organisation bzw. Priorität im Rechner für die ACC-Funktionen muß verhindert werden, daß die Verarbeitung von ACC-Interrupts (insbesondere Anschnitt) durch CNC-Funktionen (z.B. Interpolationsberechnungen) blockiert werden. Ansonsten sind die Schutzfunktionen des ACC-Systems nicht gewährleistet.

2. Die Aufteilung der Bahnerzeugung in eine Grob- und Feininterpolation führt dazu, daß die Bahngeschwindigkeit nur in Zeitintervallen der Sehnenabfahrzeit T_S zu beeinflussen ist. Um den Rechner nicht uneffektiv durch die Grenzregelung zu belasten, ist eine Kopplung der Abtastperiode T_{AB} an T_S als sinnvoll anzusehen. Die Größe T_S muß allerdings dem aus dynamischen Erwägungen heraus geforderten Wert für T_{AB} entsprechen (s. auch Abschn. 3.3.4).

3. Die zusätzliche Rechnerbelastung durch das Grenzregelprogramm führt zu einer (zusätzlichen) Reduzierung der maximalen Bahngeschwindigkeit. Bei der untersuchten CNC zeigten sich bei Linearinterpolation keine Auswirkungen der Reduzierung innerhalb üblicher Bahngeschwindigkeitswerte ($0 \geqq u_s \geqq 15$ m/min). Im Fall der Zirkularinterpolation wirkt sich die Reduzierung nachteilig bei der Bearbeitung von Leichtmetallen aus.

4. Es muß sichergestellt sein, daß die CNC-Programme (im wesentlichen die Berechnungen für die Grobinterpolation) und das Grenzregelprogramm innerhalb einer Sehnenabfahrzeit T_S abgelaufen sind (Abschn. 3.3.6). Sind die Laufzeiten der genannten Programme größer als T_S, so können Einschwingvorgänge im Regelkreis und unstetige Sollwertvorgaben an die Lageregelkreise auftreten. Mit der absoluten Begrenzung der Stellgröße Bahngeschwindigkeit auf u_{smax} nach Gl. 3.4 kann dies verhindert werden.

4 Einsatz des direkten digitalen ACC-Systems an einer Produktionsfräsmaschine mit CNC

In Bild 4/1 wird ein Blick auf die realisierte Anlage, bestehend aus Produktionsfräsmaschine, CNC und integriertem ACC-System, gezeigt.

Bild 4/1: Produktionsfräsmaschine mit CNC und integriertem ACC-System

4.1 Hardware des Systems

Die Werkzeugmaschine ist eine Vertikal-NC-Produktionsfräsmaschine vom Typ Heller PFV100-800 INC, ausgerüstet mit elektrischen, thyristorbetriebenen Vorschubantrieben.
Die Steuerung ist eine programmierbare Bahnsteuerung Siemens Sinumerik 580. Das Kernstück der Steuerung besteht aus dem Kleinprozeßrechner PR320 mit 16k 16-bit-Wörtern Zentralspeicherkapazität.
Als Regelgröße dient das an der Hauptspindel gemessene Schnittmoment. In die Spindel ist zur Schaffung einer geeigneten Meßstelle zwischen Bodenrad und werkzeugseitigem Radiallager eine

Ringnut eingearbeitet. Diese Nut ist mit vier Zweigitter-Dehnungsmeßstreifen beklebt, die als Vollbrücke geschaltet sind (Bild 4/2).

Durch die Nähe der Meßstelle zum Zerspanungsprozeß und die direkte Messung auf der Spindel zeichnet sich der Schnittmomentsensor durch ein gutes dynamisches Verhalten aus (Abschn. 2.2.3).

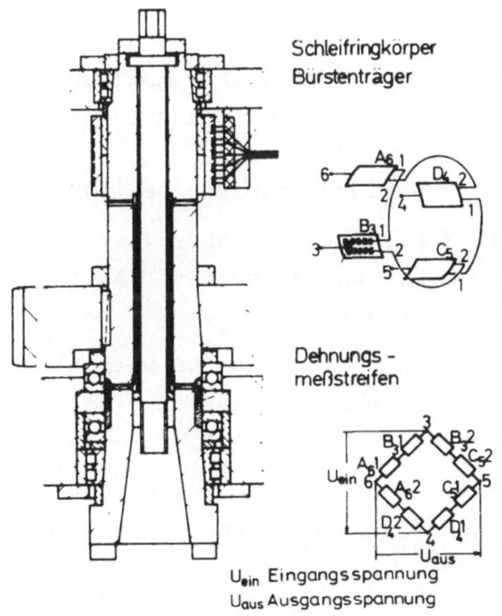

Bild 4/2:
Schnittmomentsensor mit Schleifringübertrager /13/

Die Übertragung der Sensorsignale von der rotierenden Spindel zum ruhenden Maschinenteil geschieht mit Hilfe eines Vierkanal-Schleifringübertragers. Die Hauptspindel trägt zwischen Bodenrad und oberem Lager eine handelsübliche Schleifringbüchse, die zugehörigen Schleifringbürstenkämme werden durch einen Bürstenträger, der am Getriebegehäuse befestigt ist, gehalten. Sensor und Übertrager sind gekapselt und liegen geschützt im Spindelkasten, das Spindelende bleibt frei.

Bild 4/3:
ACC-Prozeßperipherie

Ein Trägerfrequenzmeßverstärker mit automatischer Abgleicheinrichtung verstärkt das Meßsignal, bevor es der ACC-Prozeßperipherie (Bild 4/3) zugeführt wird.
Diese Peripherie wird aus drei Funktionseinheiten gebildet /13/:

- Analog-Digital-Umsetzer (ADU) mit Zeitgeber (ZG)
- Einheit zur Erkennung von An- und Ausschnitt (AN)
- Digital-Ein-/Ausgabe-Element (DEDA)

Das DEDA-Element dient als Verbindung zwischen CNC-Rechner und den Einheiten ADU und AN. Es ist direkt steckbar in eine Rechneranschlußstelle (Ebene 4, Abschn. 3.2.2).

Verstärker, ADU und Anschnitt-Ausschnitt-Einheit sind als Steckkarten innerhalb des CNC-Schranks untergebracht und werden von der CNC-Stromversorgung gespeist.

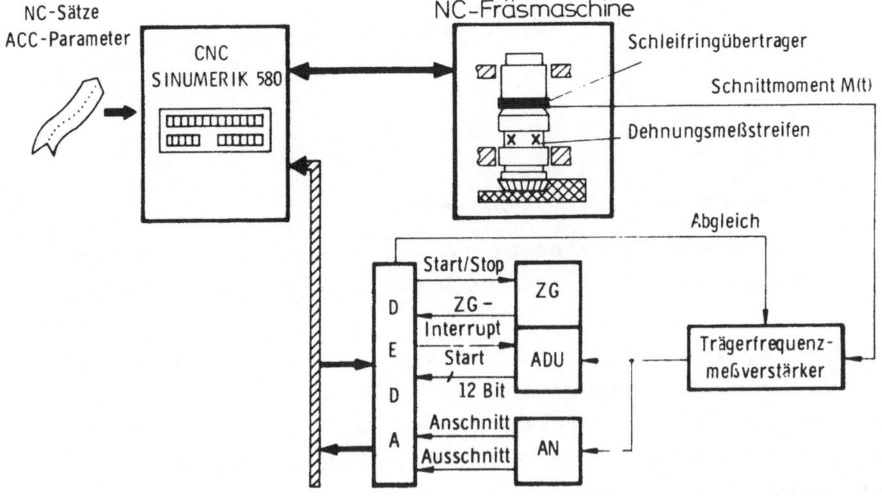

Bild 4/4: Hardware-Aufbau des Bearbeitungssystems

Die einzige zusätzliche Hardware-Verbindung zur Werkzeugmaschine ist die zwischen Schleifringübertrager und Verstärker (Regelgröße Schnittmoment).
Ein- und Ausgangssignale der Elemente, sowie ihre Stellung innerhalb der Gesamtanlage werden in Bild 4/4 gezeigt.

4.2 ACC-Software

4.2.1 Programmierung der ACC-Paramter

Die Übergabe der ACC-Parameter erfolgt innerhalb der NC-Teileprogramme in Form üblicher NC-Sätze. Die Struktur der Anweisungen richtet sich nach dem Vorschlag der VDI-Richtlinie 3426 /12/. Darin werden die ACC-Parameter unterteilt in Schaltfunktionen und Vorgabewerte.
Mit der Schaltfunktion M46 wird die Regelung aktiviert, mit M47 außer Betrieb gesetzt.

Die für den Betrieb der Regelung erforderlichen Vorgabewerte werden durch G32 angekündigt (Satz mit Vorgabewerte) und unter den Adressen I, J, K programmiert. Die 6 möglichen Dekaden (DO...D5) der Adressen I, J, K sind wie folgt aufgeteilt:

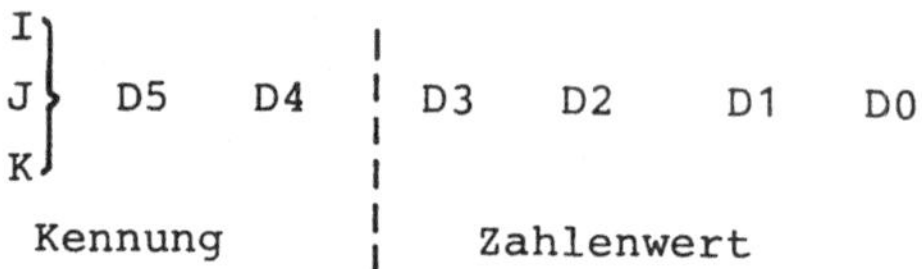

Die Zuordnung zwischen Kennung und Vorgabewert muß vereinbart werden, ebenso wie die Dimension des nachfolgenden Zahlenwerts.

Für den Erfolg im betrieblichen Einsatz ist mitentscheidend, daß die Anzahl der Vorgabewerte so klein wie möglich gehalten wird und die Werte in direktem Bezug zum Fertigungsprozeß stehen. Für die Anlage werden deshalb nur 4 Vorgabewerte vereinbart (Bild 4/5).

Vorgabewert	Kennung
Soll-Schnittmoment (Dimension 1CNm)	J20
u_{min} in % der programmierten Bahngeschwindigkeit	I24
u_{max} in % der programmierten Bahngeschwindigkeit	J24
u_{sAN} in % der programmierten Bahngeschwindigkeit	K24

Bild 4/5:
Vorgabewerte für das ACC-System

Bei der Bearbeitung von Ecken muß die Fräsmaschine aus Gründen der einzuhaltenden Toleranzen mit reduzierter Bahngeschwindigkeit verfahren. Für den Stellbereich der Regelung werden deshalb keine absolute Werte u_{min}, u_{max} vorgegeben, sondern die Festlegung der Grenzen erfolgt in % der programmierten Bahngeschwindigkeit.

Mit der Programmierung einer kleinen Ecken-Bahngeschwindigkeit wird daher die geforderte Geometrie eingehalten ohne das ACC-System außer Betrieb zu setzen, d.h. auch beim Umfahren von Ecken wird auf die überwachende und schützende Funktion der ACC-Einrichtung nicht verzichtet.

In dem Programmierbeispiel auf Bild 4/6 wird für das ACC-System vorgegeben:

Soll-Schnittmoment	350Nm
Anschnitt-Vorschub- geschwindigkeit	1000mm/min
Eckengeschwindigkeit	maximal 200mm/min

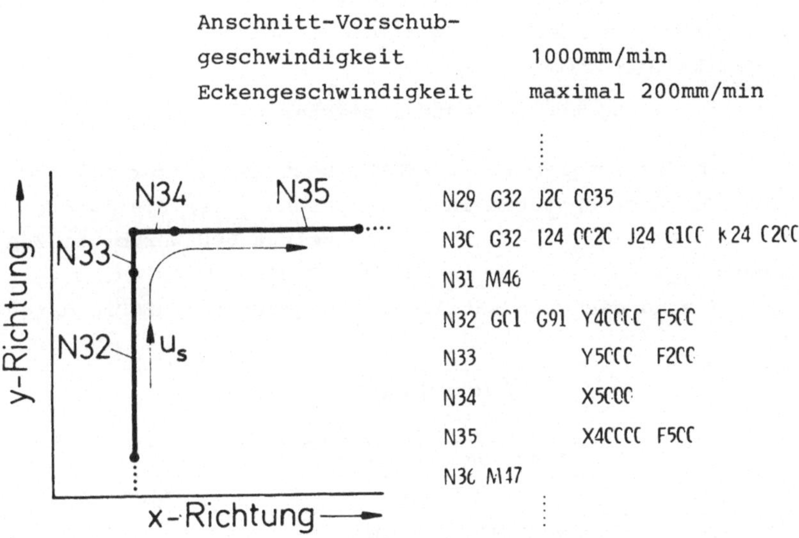

Bild 4/6: Programmierbeispiel für eine Eckenbearbeitung mit reduzierter Bahngeschwindigkeit

4.2.2 ACC-Funktionsprogramme

Die ACC-Funktionen im CNC-Rechner werden durch zwei Programmteile realisiert:
Der Programmkomplex "Vorgabewerte übernehmen (VORWUE)" ist innerhalb der NC-Satzdekodierung eingebettet. VORWUE führt folgende Aufgaben durch:

- Dekodierung und Umwandlung der ACC-Vorgabewerte (Bild 4/5)
- absolute Begrenzung der minimalen und maximalen Bahngeschwindigkeit (Abschn. 3.3.3 und 3.3.6)
- Anpassung des Regelalgorithmus an geänderte Streckendynamik (Bild 2/24).

VORWUE belegt 1k Wörter im Zentralspeicher.

Die Aufgaben des Programmteils REGPRO bestehen in der Behandlung der ACC-Interrupts und in der Berechnung der Stellgröße u_s durch den Regelalgorithmus. REGPRO belegt 600 Wörter im Zentralspeicher.
In Bild 4/7 sind die grundsätzlichen Aufgaben von REGPRO dargestellt.

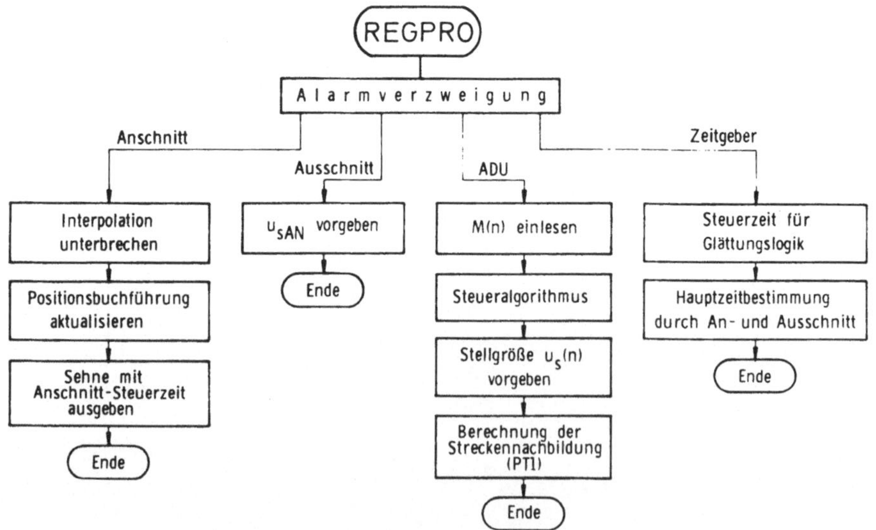

Bild 4/7: ACC-Programmteil REGPRO

Für Änderungen im CNC-Betriebssystem zur Durchführung zusätzlicher Funktionen wie

- Anzeige der aktuellen Bahngeschwindigkeit
- Anzeige von ACC-Systemfehler
- Sollwertänderung über die Override-Funktion
- Anzeige der Hauptzeit (gewonnen über An- und Ausschnitterkennung)

werden weitere 400 Wörter belegt.
Der gesamte zusätzliche Zentralspeicherbedarf für das ACC-System beläuft sich demnach auf 2k Wörter.

4.3 Bedienung des ACC-Systems

Dem Bedienungspersonal an der Werkzeugmaschine stehen (ohne ACC-Einrichtung) zwei Möglichkeiten offen, den programmierten Fertigungsverlauf zu beeinflussen:

1. Eingabe korrigierender oder ergänzender NC-Daten über die CNC-Bedienungsfunktion "Handeingabe"
2. Veränderung der Bahngeschwindigkeit über die Override-Funktion.

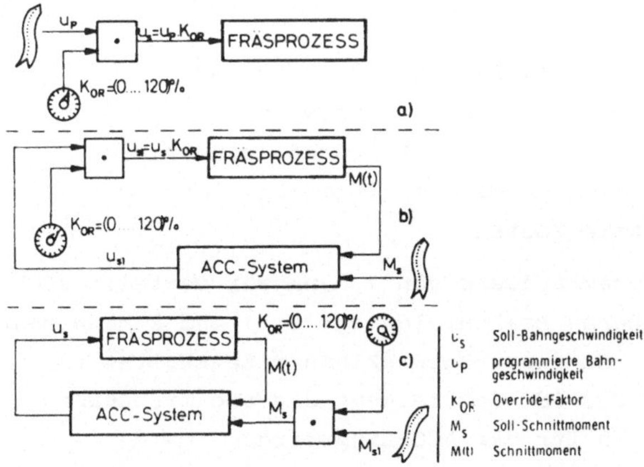

Bild 4/8: Beeinflussung des Zerspanvorgangs über die Override-Funktion

Durch die Programmierung der ACC-Parameter in Form von NC-Sätzen (Abschn.4.2.1) bleibt die Eingriffsmöglichkeit über die Bedienung "Handeingabe" erhalten.

Mit dem Eingriff über die Override-Funktion können die bei der Zerspanung auftretenden Schnittbelastungen (Schnittkräfte, -moment) verändert, d.h. vor allem reduziert werden. Sie dient somit dem Schutz der Anlage (Bild 4/8a, ohne ACC). Innerhalb eines ACC-System verliert die Override-Funktion ihre Wirkung, da die Bahngeschwindigkeit nicht frei vorgegeben werden kann, sondern als Stellgröße innerhalb des ACC-Regelkreises wirkt. Die Schnittkräfte und das Schnittmoment sind durch die ursprüngliche Override-Funktion nicht mehr beeinflußbar (Bild 4/8b).
Um die ursprüngliche Schutzfunktion beizubehalten (vor allem in den Phasen der Inbetriebnahme und des Systemtests),wirkt die Override-Funktion innerhalb des ACC-Systems multiplikativ auf den programmierten Wert des Soll-Schnittmoments (Bild 4/8c).

4.4 Kosten des ACC-Systems

Die Kosten des ACC-Systems setzen sich aus folgenden Positionen zusammen:

a) Entwicklung, Aufbau und Einführung
   - der ACC-Software
   - der ACC-Prozeßperipherie
   - des Schnittmoment-Sensors

b) Hardware-Kosten

zu a) Der Gesamtaufwand von 1 Mannjahr verteilt sich in der oben angegebenen Reihenfolge auf 9, 1 und 2 Mannmonate. In der Zeit für die Software-Entwicklung mitenthalten ist die Zeit für die Analyse des CNC-Betriebssystems und die Aufbereitung der Schnittstellen für die ACC-Eingriffe.

zu b) Hinsichtlich der Hardware-Kosten sind Aufwendungen für folgende Systemkomponenten zu berücksichtigen:

zur Erfassung der Regelgröße (Schnittmoment):

- Dehnungsmeßstreifen
- Schleifringübertrager
- Meßverstärker

zur Kopplung von Prozeß und Prozeßrechner:

- Digital-Ein-/Ausgabe-Element (DEDA)
- ADU/Zeitgeber-Karte
- Anschnitt-Ausschnitt-Karte

Ein Vergleich der Kosten von a) und b) für das entwickelte System zeigt, daß für die Entwicklung, den Aufbau und die Einführung der 10fache Betrag der Hardware-Kosten aufgewendet werden muß.

4.5 Fräsbeispiele

In Bild 4/9 wird der Verlauf von Schnittmoment M(t) und Ist-Bahngeschwindigkeit $u_i(t)$ beim Anschnittvorgang gezeigt. Dieser

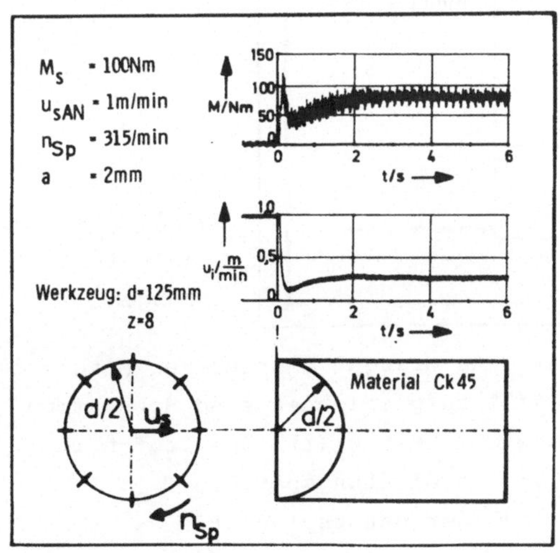

Bild 4/9:
Anschnittvorgang an eine konkave Werkstückkante

erfolgt gegen eine konkave halbkreisförmige Werkstückkante (Schnittiefe a=2mm) und stellt deshalb die höchste Beanspruchung für das Werkzeug dar.
Zu erkennen sind die Schwankungen im Verlauf des Schnittmoments, die aber durch die Wirkung der Glättungslogik und der AGM keinen Einfluß auf den Verlauf der Bahngeschwindigkeit besitzen (Abschn. 2.3.2.5).

In Bild 4/10 ist der Regelvorgang für Schnittiefensprünge von je 2 mm gezeigt.

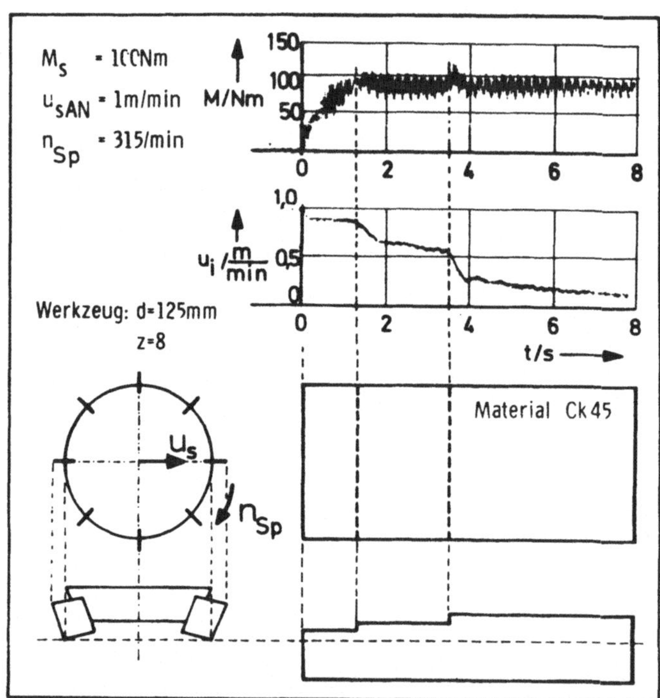

Bild 4/10: Regelvorgang bei Schnittiefensprüngen

Im nächsten Beispiel wird ein aus Grauguß bestehender Motorblock plangefräst. In Bild 4/11 aufgezeichnet sind Schnittmoment M(t) und Soll-Bahngeschwindigkeit $u_s(t)$. Die Stufen im Verlauf von u_s rühren her von der Glättungsperiode T_{Sp} (Abschn. 2.3.3.5, T_{Sp} = Periode der Hauptspindel).

Die Schnittiefe beträgt konstant 2mm, jedoch ändert sich die Eingriffsgröße fortdauernd durch die Bohrungen der Zylinder sowie durch Bohrungen für die Befestigungsschrauben des Zylinderkopfdeckels.

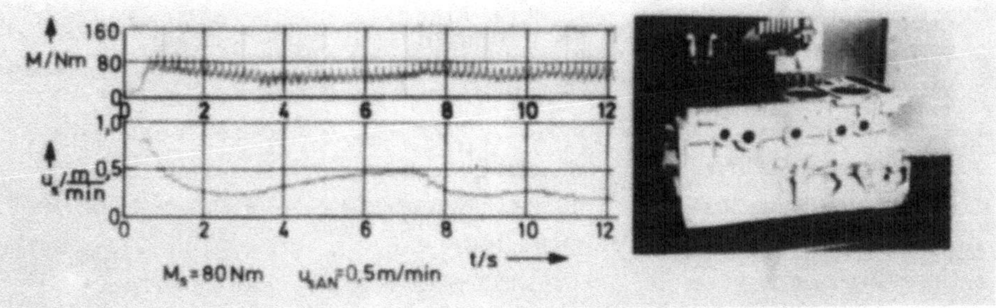

<u>Bild 4/11:</u> Planfräsen eines Motorblocks aus Gußeisen

Zum Planfräsen des 0,5 m langen Motorblocks werden <u>mit</u> der Grenzregelung 75 s benötigt. Wird die kleinste, während dieser Bearbeitung auftretende Bahngeschwindigkeit festgehalten, so gewährleistet diese Geschwindigkeit, daß das Soll-Schnittmoment über die gesamte Werkstücklänge nicht überschritten wird. Dieser Wert ist geeignet für eine Bearbeitung <u>ohne</u> Grenzregelung. Die Hauptzeit mit dieser konstanten Geschwindigkeit beträgt 120 s.
Die Verkürzung des Fräsvorgangs von 120s auf 75s durch den ACC-Einsatz entspricht einer Reduzierung der Hauptzeit um 38 %.

5 Zusammenfassung und Ausblick

Mit dem verstärkten Einsatz des Prozeßrechners in der spanenden Fertigung wächst auch die Forderung, Grenzregelungs (ACC-)-Systeme in den Rechner zu integrieren. Diese Aufgabe wurde in der vorliegenden Arbeit in drei Entwicklungsstufen durchgeführt.

Zunächst wurde die Grenzregelung als Einzelfunktion in einen Prozeßrechner integriert (direkte digitale Grenzregelung). Ausgehend von der Dynamik der Regelstrecke -Bahnsteuerung, Fräsprozeß, Sensor- ergab sich die Abtastperiode für dieses DDC-System durch Untersuchung der Bandbreite und des Streckenstörverhaltens. Die ermittelten Werte für die Abtastperiode dienten als Anhaltswerte für die Rechnerbelastung durch den zu entwickelnden Regelalgorithmus.
Dieser wurde in Form eines nichtlinearen Kompensationsalgorithmus gefunden, der das System trotz der stark schwankenden Verstärkung des Fräsprozesses adaptiv stabilisiert und zudem eine extrem niedrige Rechnerbelastung bewirkt.
Die Programmierung des ACC-Programms wurde in Assemblersprache durchgeführt. Dabei erweist sich der Befehlsumfang gängiger Prozeßrechner einschließlich Mikro-Computer als ausreichend, sofern die Operationen Multiplikation und Division hardwaremäßig ablaufen.
Die Steuerung des Anschnittvorgangs über den Prozeßrechner kann auf Grund seiner geringen Interrupt-Reaktionszeit ohne Schwierigkeiten durchgeführt werden.
Das entwickelte Programm für die direkte digitale Grenzregelung beim Fräsen kann in seiner vorliegenden Konzeption auch auf andere Prozeßrechner, insbesondere auch auf Mikro-Computer, übertragen werden.

In einem zweiten Schritt folgt die Integration des entwickelten Regelkonzepts in den Steuerungsrechner einer CNC.

Ausschlaggebend für diese Systemlösung war die Möglichkeit der schnittstellennahen Kopplung zwischen ACC- und CNC-Funktionen innerhalb des Steuerungsrechners und der daraus resultierende minimale Hardware-Aufwand für das ACC-System.
Bei der Durchführung der Integration ergaben sich Forderungen bezüglich der Prioritätsstruktur des Rechners bzw. der Programmorganisation im Rechner und bezüglich der dynamischen Eigenschaften der CNC-Funktionen:
Durch die Lage des ACC-Programms innerhalb der Prioritätsstruktur bzw. der rechnerinternen Programmorganisation muß gewährleistet sein, daß ACC-Funktionen (z.B. Anschnitt-Reaktion) durch CNC-Funktionen (z.B. Interpolationsberechnungen) <u>nicht blockiert</u> werden.
Von den dynamischen Eigenschaften wird gefordert, daß erstens die Sehnenabfahrzeit der Steuerung und die durch die Regelung geforderte Abtastperiode übereinstimmen und zweitens die Interpolationsberechnungen (Grobinterpolation) und die Berechnung der Stellgröße Bahngeschwindigkeit durch den ACC-Algorithmus innerhalb einer Sehnenabfahrzeit abgeschlossen sind.

Als letzter Schritt wurde eine Bearbeitungsanlage bestehend aus einer Produktionsfräsmaschine mit CNC und direkter digitaler Grenzregelung realisiert und ihr Einsatz an Fräsbeispielen demonstriert.

Die vorliegende Arbeit hat gezeigt, daß die Automatisierungskomponente "ACC" sich ebenfalls mit Hilfe des Digitalrechners verwirklichen läßt. ACC wird deshalb auch innerhalb zukünftiger Fertigungssysteme, wie z.B. in dezentralisierten, modularen Steuerungssystemen, seinen Platz finden.

Berichte aus dem Institut für Steuerungstechnik der Werkzeugmaschinen und Fertigungseinrichtungen der Universität Stuttgart

Herausgegeben von Prof. Dr.-Ing. G. Stute

Bereits erschienen:

ISW 1:	D. Schmid, Numerische Bahnsteuerung, 89 S., 1972
ISW 2:	H. Schwegler, Fräsbearbeitung gekrümmter Flächen, 111 S., 1972
ISW 3:	J. Eisinger, Numerisch gesteuerte Mehrachsenfräsmaschinen, 90 S., 1972
ISW 4:	R. Nann, Rechnersteuerung von Fertigungseinrichtungen, 125 S., 1972
ISW 5:	G. Augsten, Zweiachsige Nachformeinrichtungen, 140 S., 1972
ISW 6:	B. Karl, Die Automatisierung der Fertigungsvorbereitung durch NC-Programmierung. 121 S., 1972
ISW 7:	H. Eitel, NC-Programmiersystem, 117 S., 1973
ISW 8:	E. Knorr, Numerische Bahnsteuerung zur Erzeugung von Raumkurven auf rotationssymmetrischen Körpern, 130 S., 1973
ISW 9:	S. Bumiller, Viskohydraulischer Vorschubantrieb, 123 S., 1974
ISW 10:	K. Maier, Grenzregelung an Werkzeugmaschinen, 140 S., 1974
ISW 11:	J. Waelkens, NC-Programmierung, 160 S., 1974
ISW 12:	E. Bauer, Rechnerdirektsteuerung von Fertigungseinrichtungen, 138 S., 1975
ISW 13:	H. König, Entwurf und Strukturtheorie von Steuerungen für Fertigungseinrichtungen, 206 S., 1976
ISW 14:	H. Damsohn, Fünfachsiges NC-Fräsen, 143 S., 1976
ISW 15:	H. Jetter, Programmierbare Steuerungen, 141 S., 1976
ISW 16:	H. Henning, Fünfachsiges NC-Fräsen gekrümmter Flächen, 180 S., 1976
ISW 17:	K. Boelke, Analyse und Beurteilung von Lagesteuerungen für numerisch gesteuerte Werkzeugmaschinen, 105 S., 1977
ISW 18:	F.-R. Götz, Regelsystem mit Modellrückkopplung für variable Streckenverstärkung, 116 S., 1977
ISW 19:	H. Tränkle, Auswirkungen der Fehler in den Positionen der Maschinenachsen beim fünfachsigen Fräsen, 103 S., 1977
ISW 20:	P. Stof, Untersuchungen über die Reduzierung dynamischer Bahnabweichungen bei numerisch gesteuerten Werkzeugmaschinen, 118 S., 1978
ISW 21:	R. Wilhelm, Planung und Auslegung des Materialflusses flexibler Fertigungssysteme, 158 S., 1979
ISW 22:	N. Kappen, Entwicklung und Einsatz einer direkten digitalen Grenzregelung für eine Fräsmaschine mit CNC, 112 S., 1979
ISW 23:	H.G. Klug, Integration automatisierter technischer Betriebsbereiche, 125 S., 1978
ISW 24:	D. Binder, Interpolation in numerischen Bahnsteuerungen, 130 S., 1979
ISW 26:	L. Schenke, Auslegung einer technologisch-geometrischen Grenzregelung für die Fräsbearbeitung, 113 S., 1979

In Vorbereitung:

ISW 25: O. Klingler, Steuerung spanender Werkzeugmaschinen mit Hilfe von Grenzregeleinrichtungen (ACC), ca. 125 S., 1979

ISW 27: H. Wörn, Numerische Steuersysteme. Aufbau und Schnittstellen eines Mehrprozessorsteuersystems, ca. 140 S., 1979

Springer-Verlag
Berlin · Heidelberg · New York